高等院校影视多媒体技术专业系列教材

U0177436

短视频剪辑与制作
——PR

主　编　舒　望　韩　嫣　蒋璧蔚

副主编　张　文　王　林　赵春红

参　编　薛　凌　秦小凯　唐学凤

　　　　蔡艳琼　刘朝祥

西安电子科技大学出版社

内 容 简 介

本书主要介绍视频剪辑软件 PR 操作的相关知识，让读者学会利用 PR 软件对视频素材进行加工并呈现出所需的视频效果。全书共 7 个项目，每个项目又包含若干任务，主要内容包括 PR 的基本知识、PR 序列设置和字幕制作、字幕效果设计和转场应用、视频效果设计与制作、视频调色效果制作、音频效果设计以及综合案例实训。本书根据视频剪辑体系特点，结合企业岗位的具体需求进行内容编排及案例选取。

本书可作为高等院校影视多媒体技术、摄影摄像技术、影视编导、融媒体技术、新闻采编与制作类专业的教材，也可作为各类媒体从业者的自学用书。

图书在版编目(CIP)数据

短视频剪辑与制作：PR / 舒望，韩嫣，蒋璧蔚主编 . -- 西安：西安电子科技大学出版社，2024.3
ISBN 978-7-5606-7207-6

Ⅰ.①短… Ⅱ.①舒… ②韩… ③蒋… Ⅲ.①视频编辑软件 Ⅳ.①TN94

中国国家版本馆 CIP 数据核字 (2024) 第 045142 号

策　　划　秦志峰　刘统军
责任编辑　秦志峰
出版发行　西安电子科技大学出版社(西安市太白南路 2 号)
电　　话　(029)88202421 88201467　　　　邮　　编　710071
网　　址　www.xduph.com　　　　电子邮箱　xdupfxb001@163.com
经　　销　新华书店
印刷单位　陕西精工印务有限公司
版　　次　2024 年 3 月第 1 版　　2024 年 3 月第 1 次印刷
开　　本　787 毫米 × 1092 毫米　1/16　　印　张　11.75
字　　数　277 千字
定　　价　64.00 元
ISBN 978-7-5606-7207-6 / TN

XDUP 7509001-1
如有印装问题可调换

⏵ 前　言

随着视频拍摄设备的不断更新，如今人们普遍使用手机、微单相机等较为轻便的设备记录影像，也追求更高质量的视觉效果，于是人们对视频剪辑的需求也随之上升。

虽然市场上出现了很多可以帮助用户制作和剪辑视频的 App，但随着大众对影像作品质量的需求不断提高，简单的剪辑制作软件已经不能满足自媒体从业者的制作要求。因此专业的视频剪辑软件受到了越来越多人的青睐。其中，Premiere Pro(PR) 因其操作便捷、功能强大，已占据了视频剪辑软件市场的主导地位。

编写本书的初衷是为了帮助读者全面了解 PR 的功能和特性，掌握视频剪辑的技巧和要领，进而提升其制作短视频的能力和创造力。本书系统地介绍了PR 的基本操作、高级功能和创意应用，旨在帮助初学者快速掌握短视频的制作方法并提升技能，也为高级用户提供更深入的学习和实践体验。

通过阅读本书，读者不仅可以了解视频剪辑的基本知识、剪辑流程及详细操作步骤、视频效果处理、音频调整等方面的知识，同时还可以掌握如何利用PR 制作出优质且富有创意的短视频内容。

本书具有以下特点：

(1) 结构清晰，知识点按照由浅入深的顺序安排，内容涵盖 PR 从入门到精通的各个阶段，适合不同水平和需求的读者。

(2) 将理论知识与实践操作相结合，学生可以边学、边做、边练，在过程中明确所学知识对应的具体岗位需求，达到学以致用的目的。

(3) 每个项目下的任务都配有微案例实施步骤，且将教学视频以二维码的形式呈现在书中，以便读者更好地理解和运用所学知识。

本书由舒望、韩嫣、蒋璧蔚担任主编并执笔编写，由张文、王林和赵春红负责素材搜集，薛凌、秦小凯、唐学凤、蔡艳琼、刘朝祥等参与了材料整理工作。

由于编者水平有限，书中难免存在不妥之处，恳请读者不吝赐教。

编　者

2023 年 11 月

目 录

项目一　PR 的基本知识

 项目目标

●●●● 知识目标

1. 了解剪辑的工作流程
2. 了解 PR 的工作原理
3. 了解"剪"和"接"的工作原理

●●●● 能力目标

1. 掌握新建项目的方法
2. 能根据自己的习惯调整工作区的布局
3. 能导入和设置需要编辑的对象
4. 掌握移动素材的方法
5. 能根据视频所需添加字幕
6. 能在需要的位置添加转场

●●●● 技能目标

1. 能进行 PR 的基本设置
2. 能新建项目和导入素材
3. 能进行 PR 的基本剪接操作
4. 能添加字幕和转场

任务1　认识PR

一、任务引入

小明是某传媒公司的员工(本书后面各任务引入中的"小明"均指同一人),有一天,领导让他在 PR 里面检查昨天拍摄的视频有没有问题,小明该如何完成任务呢?

二、相关知识

1.视频和电视制式

视频是由一系列单独的静止图像组成的,它利用人的视觉暂留效应在观众眼中产生平

滑而连续活动的影像。视频的单位用帧或者格来表示。目前，视频信号应满足一定的标准，如电视信号的标准。电视信号的标准简称为电视制式，可以理解为用来实现电视画面或者声音信号所采用的一种技术标准 (一个国家或者地区播放电视节目所采用的特定制度和技术标准)。

各种电视制式的主要区别在于其帧频、分辨率、信号带宽以及载频、色彩空间的转换关系等方面。目前，全世界正在使用的电视制式有 3 种，分别是 PAL、NTSC 和 SECAM。中国大部分地区使用 PAL 制式，日本、韩国、东南亚地区与欧美国家多使用 NTSC 制式，俄罗斯使用 SECAM 制式。中国市场能买到的进口 DV 产品都是 PAL 制式。

(1) PAL(Phase Alternative Line)：正交平衡调幅逐行倒相制，简称 PAL 制。这种制式的帧速率为 25 fps(帧 / 秒)，每帧 625 行 312 线，标准分辨率为 720 × 576。

(2) NTSC(National Television Standards Committee)：正交平衡调幅制，简称 NTSC 制。这种制式的帧速率为 30 fps，每帧 525 行 262 线，标准分辨率为 720 × 480。

(3) SECAM(Séquential Couleur A Mémoire)：行轮换调频制，简称 SECAM 制，这种制式的帧速率为 25 fps，每帧 625 行 312 线，标准分辨率为 720 × 576。

2. 剪辑的概念

剪辑 (Film Editing) 即将影片制作中拍摄的大量素材，经过选择、取舍、分解与组接，最终完成一个连贯流畅、含义明确、主题鲜明并有艺术感染力的作品。剪辑既是影片制作工艺过程中一项必不可少的工作，也是影片艺术创作过程中进行的一次再创作。

3. PR 剪辑软件

Premiere Pro(PR) 是 Adobe 公司推出的基于非线性编辑设备的视频编辑软件，其在影视制作领域取得了巨大的成功，被广泛应用于电视台、广告制作、电影剪辑等领域，已成为 PC 和 Mac 平台应用最为广泛的视频编辑软件。

本书采用 Premiere Pro 2022 版本，其引入了丰富、直观的"导入和导出"模式，具有集成 Frame.io 的新审阅工作区，还新增了由 Adobe Sensei 提供支持的"自动颜色"等多种功能。

三、资源准备

1. 教学设备与工具

(1) 机房；

(2) 多媒体；

(3) 案例素材。

2. 安全要求及注意事项

注意用电安全。

3. 职位分工

职位分工如表 1-1 所示。

表 1-1　职 位 分 工 表

职 位	小组成员（姓名）	工作分工	备 注
组长 A		任务分配，素材分发	组员间对完成的操作进行相互检查，最后交由组长进行审核
组员 B		导入素材视频	
组员 C		导出完成的视频	
组员 D		完成工作区的编辑	

四、实践操作

微案例 1　雪景视频的导入与导出

1. 任务要求

(1) 掌握导入素材的方法；

(2) 掌握素材与序列不匹配的解决方法；

(3) 掌握 PR 基本工作区的调整方法。

雪景视频的
导入与导出

2. 实施步骤

步骤 1：打开 Premiere Pro 2022 软件，看到软件的开始页面，然后单击"新建项目"按钮，如图 1-1 所示。

图 1-1　新建项目

步骤 2：在弹出"新建项目"对话框之后，需要给此次制作的项目命名。"名称"指的是工程文件的名字；"位置"指的是保存工程文件的路径，单击"位置"右侧的"浏览"按钮可以自定义选择保存工程文件的路径；其余选项保持默认即可。最后，单击"确定"按钮，就可以新建一个项目，如图 1-2 所示。（提示：PR 里面的工程文件又称作源文件，也可叫作项目文件，保存后的后缀名为"prproj"，该文件记录了 PR 中的编辑信息和素材路径。需要注意的是，工程文件里不包含素材文件本身，在使用时要和素材文件放置于同一台电脑才能进行操作。）

步骤 3：新建项目后，进入 Premiere Pro 2022 的软件界面。首先将操作界面调整到编辑模式，方法是在"工作区模式栏"中单击"编辑"选项，如图 1-3 所示。切换后的编辑模式界面如图 1-4 所示。

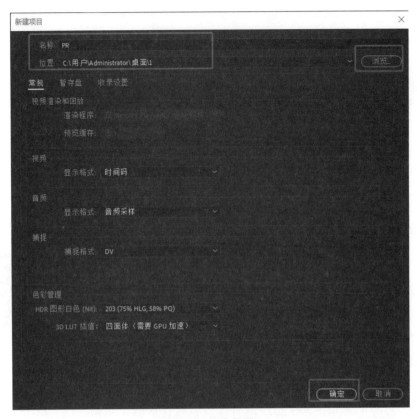

图 1-2　指定位置

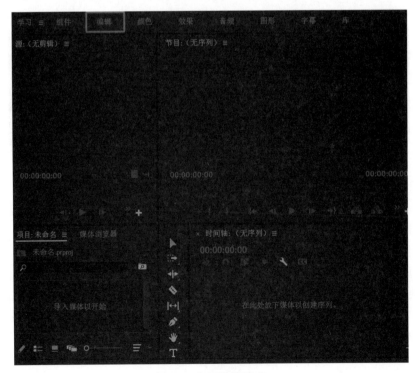

图 1-3　打开编辑模式

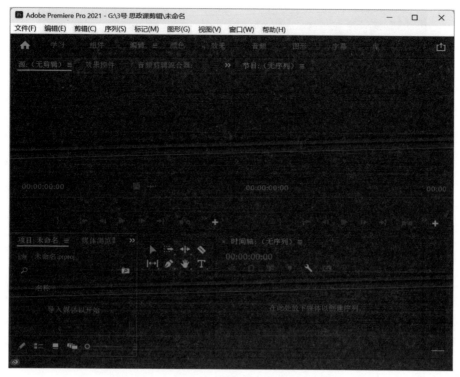

图 1-4　编辑模式界面

步骤 4：在剪辑之前要先导入素材。双击"导入媒体以开始"区域 (后称项目面板)，弹出"导入"对话框，选中要导入的素材，单击"打开"按钮，如图 1-5 所示。

图 1-5　导入素材

步骤 5：新建序列。在主界面中单击"新建项目"按钮，在"新建项目"列表中选择"序列"选项，如图 1-6 所示。

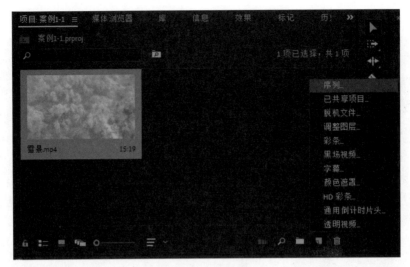

图 1-6　新建序列

步骤 6：在"新建序列"对话框中单击"设置"选项卡，将"编辑模式"设置为"自定义"，"时基"设置为"25.00 帧 / 秒"，"帧大小"的"水平"设置为"1920"，"垂直"设置为"1080"，"像素长宽比"设置为"方形像素 (1.0)"，其余参数保持默认值，单击"确定"按钮，如图 1-7 所示。

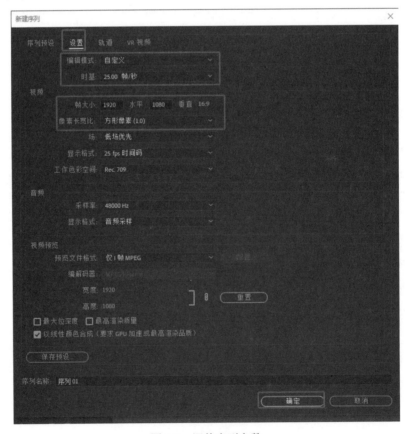

图 1-7　调整序列参数

步骤 7：新建"序列"之后需要将导入的素材拖到时间轴上，选中所需素材，按住鼠标左键拖至时间轴上松开，如图 1-8 所示。

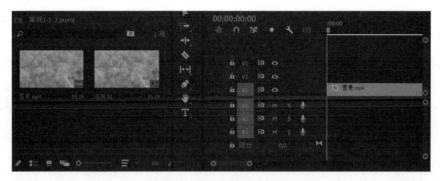

图 1-8　拖动素材到时间轴

步骤 8：这时会弹出"剪辑不匹配警告"对话框提示，单击"保持现有设置"按钮即可，如图 1-9 所示。

图 1-9　保持现有设置

步骤 9：完成素材导入和新建序列之后，工作区如图 1-10 所示。

图 1-10　工作区效果

步骤 10：视频完成剪辑之后，就需要把视频导出。在导出前，需要进行以下设置：首先将时间指示器移动到需要导出视频的开始位置，可以按快捷键 I，设置"入点"；然后将时间指示器移动到需要导出视频的结束位置，按快捷键 O，设置"出点"。这样就可以确定视频导出的范围，如图 1-11 所示。

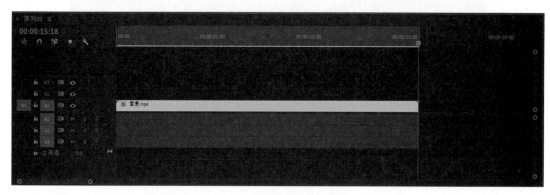

图 1-11　确定视频导出范围

步骤 11：导出参数设置。执行"文件"→"导出"→"媒体"命令，弹出"导出设置"对话框，将"格式"设置为"H.264"，"预设"设置为"匹配源 - 高比特率"，单击"输出名称"，选择保存视频的位置，并自定义名称，勾选"导出视频"和"导出音频"。设置完成后，单击"导出"按钮，如图 1-12 所示。

图 1-12　导出视频

微案例 2　认识工作区

工作区的认识

1. 任务要求

(1) 掌握工作区的分布和基本作用；

(2) 掌握改变工作区布局的方法；

(3) 掌握工作区的打开和隐藏方法。

2. 实施步骤

Premiere 的工作区主要由标题栏、菜单栏、监视器面板、项目面板、工具栏、时间轴面板以及"源""特效控制""调音台"面板组合组成，如图 1-13 所示。

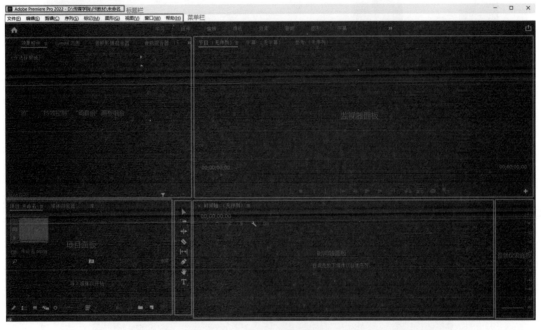

图 1-13　工作区面板

项目面板主要用于素材的导入、存放和管理。该面板可以显示素材的属性信息，包括素材的缩略图、类型、名称、颜色标签、出入点等，同时也可以为素材进行新建、分类、重命名等操作。项目面板下面有 9 个功能按钮，从左往右分别是"列表视图"按钮、"图标视图"按钮、"从当前视图切换为自由视图"按钮、"排列图标"按钮、"自动匹配序列"按钮、"查找"按钮、"创建新的素材箱"按钮、"新建项"按钮和"清除"按钮，如图 1-14 所示。

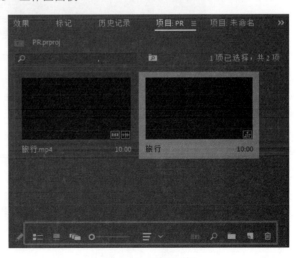

图 1-14　项目面板

工具栏面板上主要是工具按钮，使用时单击选择即可激活对应工具，主要用于在时间轴面板上编辑素材，如图1-15所示。

监视器面板用于显示视频、音频经过编辑后的最终效果呈现，可以方便剪辑者预览剪辑效果，也便于下一步的调整与修改，如图1-16所示。

图1-15　工具栏面板　　　　　　　　　　图1-16　监视器面板

时间轴面板是剪辑的核心，在此面板可以对素材进行剪辑、插入、复制、粘贴等操作，如图1-17所示。

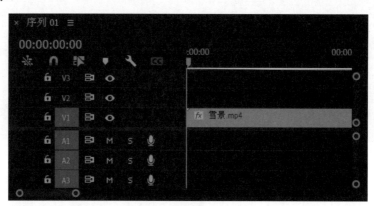

图1-17　时间轴面板

菜单栏主要包括"文件""编辑""剪辑""序列""标记""图形""视图""窗口""帮助"9个主菜单，如图1-18所示。

文件(F)	编辑(E)	剪辑(C)	序列(S)	标记(M)	图形(G)	视图(V)	窗口(W)	帮助(H)

图1-18　菜单栏

面板的调整可按以下方法进行：

步骤1：选中需要调整的面板，鼠标指到边缘出现 ⬌ 后，按住左键不动把面板边界往想要的大小位置拖动，到合适位置后松开鼠标左键即可调整面板的位置与大小，如图1-19所示。

图 1-19　调整面板

　　步骤 2：单击 ▤ 出现"关闭面板"和"浮动面板"选项，通过这两个选项就可以关闭或者浮动面板，如图 1-20 所示。

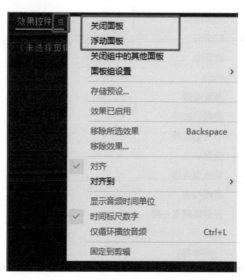

图 1-20　面板选项

步骤 3：关闭的面板可以在菜单栏的窗口菜单中勾选打开，如图 1-21 所示。

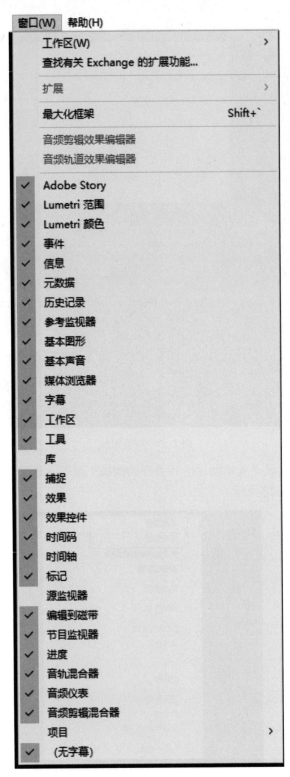

图 1-21　打开关闭的面板

五、总结评价

1. 小组汇报实施成果

小组汇报实施成果如表 1-2 所示。

表 1-2   实训操作结果汇报

案例名称	
自检基本情况	
自检组别	第　　　组
本组成员	组长：　　　　组员：
检 查 情 况	
是否完成	
完成时间	
工作页填写情况 / 案例实施情况	优点 / 已完成部分 / 正确点： 缺点 / 未完成部分 / 错误点：
超时或未完成的 主要原因	
检查人签字：	日期：

2. 小组互评

小组互评如表 1-3 所示。

表 1-3 实训过程性评价表（小组互评）

组别：_____   组员：_____   案例名称：_____

学习环节	被评组别／组员		第_____组 姓名_____	
	评 分 细 则		分值	得分
相关知识	相关知识填写完整、正确		10	
	演讲、评价、展示等社会能力		10	
实训过程	组成员分工明确、合理，每人的职责均已完成		5	
	能够进行小组合作		5	
	能够掌握 PR 文件的新建及保存		10	
	能够导出 PR 影片文件		10	
	能够正确使用"导入"和"导出"		20	
	能够正确完成微案例 1 和 2		20	
质量检验	任务总结正确、完整、流畅		5	
	工作效率较高（在规定时间内完成任务）		5	
总分 (100 分)	总得分：		评分人签字：	

六、课后作业

设置一个适合自己工作习惯的工作区布局。

任务2 视频编辑基础

一、任务引入

领导让小明在 PR 里面给下午活动要用的视频添加字幕，他该如何完成任务呢？

二、相关知识

视频转场是视频之间的一种过渡效果，一般用于视频合并。为了避免视频之间的僵硬连接，通常会给视频添加转场效果。

三、资源准备

1. 教学设备与工具

(1) 机房；

(2) 多媒体；

(3) 案例素材。

2. 安全要求及注意事项

注意用电安全。

3. 职位分工

职位分工如表 1-4 所示。

表 1-4 职位分工表

职 位	小组成员 (姓名)	工作分工	备 注
组长 A		任务分配，素材分发	组员间对完成的操作进行相互检查，最后交由组长进行审核
组员 B		字幕文字素材整理	
组员 C		添加字幕效果	
组员 D		完成视频制作	

四、实践操作

微案例1 添加字幕

添加字幕

1. 任务要求

(1) 掌握素材移动的方法；

(2) 掌握字幕添加的方法。

2. 实施步骤

步骤 1：首先导入素材，执行"文件"→"导入"命令，导入 2 段视频素材，完成导入之后，选中 2 个素材并将其拖至时间轴上，如图 1-22 所示。

图 1-22　导入素材并拖放到时间轴

步骤 2：移动素材。在工具栏选择"选择工具"，按住鼠标左键并拖动素材就可以在时间轴上移动素材的位置，如图 1-23 所示。

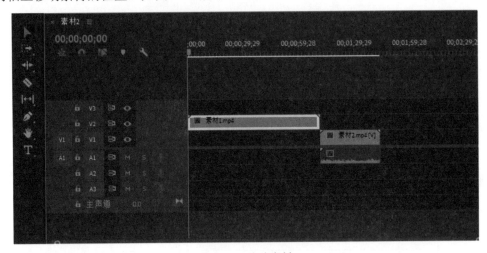

图 1-23　移动素材

步骤 3：删除素材。在工具栏选择"选择工具"，单击需要删除的素材，按 Delete 键即可，如图 1-24 所示。

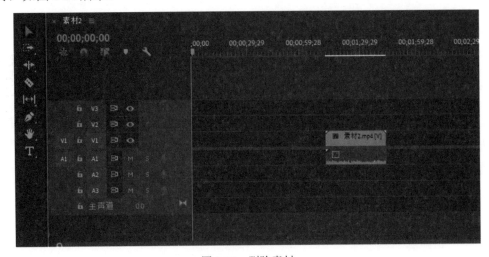

图 1-24　删除素材

步骤 4：放大和缩小时间轴上的素材，按键盘上的"+"和"-"键即可。注意：上述操作只有在英文输入法状态下才有效，如图 1-25 所示。

图 1-25　放大缩小素材

　　步骤 5：音画分离。选中素材，单击鼠标右键，选择"取消链接"选项，就可以实现声音与画面分离的效果，如图 1-26 所示。

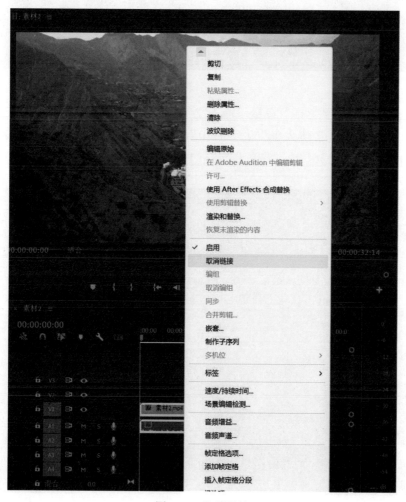

图 1-26　取消链接

步骤6：执行"文件"→"新建"→"旧版标题"命令，单击"确定"按钮，即可打开"字幕"窗口，如图1-27所示。

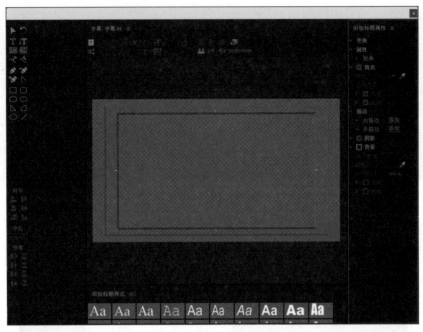

图1-27 "字幕"窗口

步骤7：单击"文字工具"按钮，输入文字"最好的风景在路上"，然后全选文字，更改字体为"黑体"，"字体大小"为"75.0"，"字符间距"为"25.0"，"X位置"为"655.4"，"Y位置"为"361.0"，"颜色"选择白色，设置完成后关闭窗口，如图1-28所示。

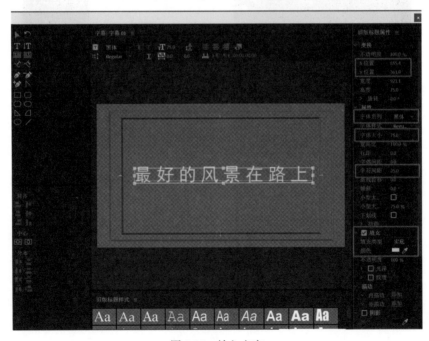

图1-28 输入文字

步骤 8：在素材箱中选择"字幕 01"拖至 V2 轨道并与 V1 轨道上的素材对齐，如图 1-29 所示。

图 1-29　添加字幕到序列

微案例 2　视　频　转　场

视频转场的用法

1. 任务要求

(1) 掌握视频转场的添加方式；

(2) 掌握转场添加位置的选择；

(3) 掌握视频转场功能所在的位置。

2. 实施步骤

步骤 1：将 4 段视频素材导入素材箱，然后将素材拖至时间轴上，如图 1-30 所示。

图 1-30　导入素材并拖放到时间轴

步骤2：打开"效果"面板，展开"视频过渡"素材箱，选择"溶解"→"交叉溶解"效果，将其拖至第 1 段和第 2 段之间，如图 1-31 所示。

图 1-31　添加交叉溶解效果

步骤3：在"效果控件"面板可以调整视频过渡的时间长度及其他参数，如图 1-32 所示。

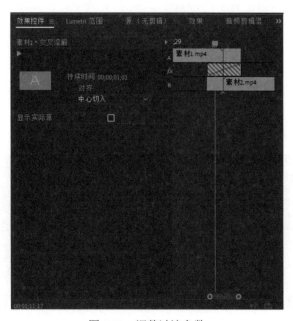

图 1-32　调整过渡参数

步骤 4：展开"视频过渡"素材箱，选择"溶解"→"白场过渡"效果，将其拖至第 2 段与第 3 段视频素材之间，如图 1-33 所示。

图 1-33　添加白场过渡效果

　　步骤 5：展开"视频过渡"素材箱，选择"溶解"→"黑场过渡"效果，将其拖至第 3 段与第 4 段视频素材之间，如图 1-34 所示。

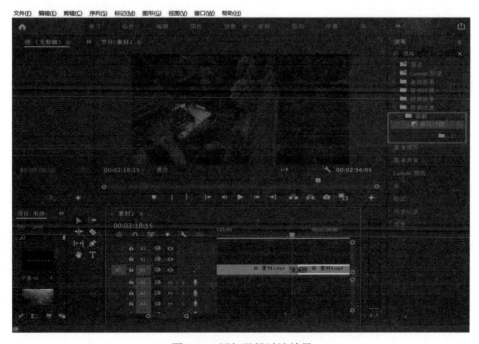

图 1-34　添加黑场过渡效果

五、总结评价

1. 小组汇报实施成果

小组汇报实施成果如表 1-5 所示。

表 1-5　实训操作结果汇报

案例名称		
自检基本情况		
自检组别	第　　　组	
本组成员	组长：　　　　组员：	
检 查 情 况		
是否完成		
完成时间		
工作页填写情况 / 案例实施情况	优点 / 已完成部分 / 正确点：	
	缺点 / 未完成部分 / 错误点：	
超时或未完成的 主要原因		
检查人签字：		日期：

2. 小组互评

小组互评如表 1-6 所示。

表 1-6　实训过程性评价表（小组互评）

组别：_____　组员：_____　案例名称：_____

学习环节	被评组别 / 组员	第_____组 姓名_____	
	评 分 细 则	分值	得分
相关知识	相关知识填写完整、正确	10	
	演讲、评价、展示等社会能力	10	
实训过程	小组成员分工明确、合理，每人的职责均已完成	5	
	能够进行小组合作	5	
	能够掌握字幕的添加方法	10	
	能够掌握视频转场的添加方法	10	
	能够完成字幕添加和视频转场添加	20	
	能够正确完成微案例 1 和 2	20	
质量检验	任务总结正确、完整、流畅	5	
	工作效率较高（在规定时间内完成任务）	5	
总分 (100 分)	总得分：	评分人签字：	

六、课后作业

找 10 张自己喜欢的照片制作成视频，并为其添加转场和字幕。

项目二 PR 序列设置和字幕制作

 项目目标

●●●● 知识目标

1. 了解什么是视频序列
2. 了解市面上常见的几种视频比例
3. 了解添加字幕的方法
4. 了解多种字幕特效的制作方法

●●●● 能力目标

1. 掌握新建序列的方法
2. 能根据影片的需求创建相对应的序列
3. 能对素材和序列进行匹配
4. 掌握建立旧版标题字幕的方法
5. 能够使用基本图形工作区编辑字幕
6. 能够熟练运用文字工具

●●●● 技能目标

1. 能进行不同类型视频的序列设置
2. 能熟练匹配素材与序列
3. 能够根据需求新建字幕
4. 掌握利用基本图形工作区编辑字幕的方法
5. 掌握文字工具新建文字的方法

■■■■■ 任务1 常见画幅的制作

一、任务引入

领导让小明在 PR 里面把下午活动要用的视频做成电影遮幅效果，活动结束后再制作一个视频在手机短视频平台进行发布，他该如何完成任务呢？

二、相关知识

1. 视频比例的概念

视频比例是指影视播放器播放的影视画面的长和宽的比例。

2. 市面上常见的视频比例

市面上常见的视频比例有 16∶9、4∶3、1∶1、9∶16 等，分别适用于不同的播放设备。

三、资源准备

1. 教学设备与工具

(1) 机房；

(2) 多媒体；

(3) 案例素材。

2. 安全要求及注意事项

注意用电安全。

3. 职位分工

职位分工如表 2-1 所示。

表 2-1　职 位 分 工 表

职　位	小组成员（姓名）	工作分工	备　注
组长 A		任务分配，素材分发	组员间对完成的操作进行相互检查，最后交由组长进行审核
组员 B		画幅确定，素材整理	
组员 C		制作遮幅效果	
组员 D		完成序列设置	

四、实践操作

微案例 1　电影遮幅效果制作

电影遮幅效果制作

1. 任务要求

(1) 掌握电影遮幅效果的制作方法；

(2) 掌握画面宽高比的概念。

2. 实施步骤

步骤 1：将"遮幅 .mp4"素材导入素材箱，并拖至时间轴上，如图 2-1 所示。

图 2-1　导入素材并拖到时间轴

步骤 2：单击"新建项"按钮，选择"黑场视频"选项，默认参数，添加一个黑场视频，如图 2-2 所示。

步骤 3：将"黑场视频"拖至 V2 轨道上，并将其延长至与素材一样的长度，如图 2-3 所示。

图 2-2　添加黑场视频

图 2-3　添加黑场视频到时间轴

步骤 4：选择"黑场视频"素材，在"效果控件"面板，调整"运动"中的"位置"参数，将代表 Y 轴的参数调整为"−300.0"，如图 2-4 所示。

图 2-4　调整参数

步骤 5：回到"时间轴"面板，按住 Alt 键，并拖拽"黑场视频"至 V3 轨道上，如图 2-5 所示。

图 2-5　复制黑场视频到 V3 轨道

步骤 6：选中 V3 轨道上的"黑场视频"，在"效果控件"面板上，调整"运动"中的"位置"参数，将代表 Y 轴的参数调整为"1010.0"，如图 2-6 所示。

图 2-6　调整参数

步骤 7：最终效果如图 2-7 所示。

图 2-7　效果展示

微案例 2　竖屏视频序列设置和视频画面匹配

竖屏视频序列
设置和视频画
面匹配

1. 任务要求

(1) 掌握竖屏视频序列的设置方式；

(2) 掌握宽高比；

(3) 掌握如何匹配视频画面。

2. 实施步骤

步骤 1：在"项目"面板单击"新建项"按钮，选择"序列"选项，弹出"新建序列"对话框，将"编辑模式"改为"自定义"，"时基"设置为"25.00 帧 / 秒"，"帧大小"的

"水平"设置为"1080","垂直"设置为"1920","像素长宽比"设置为"方形像素 (1.0)"，其余参数保持不变，单击"确定"按钮，如图 2-8 所示。

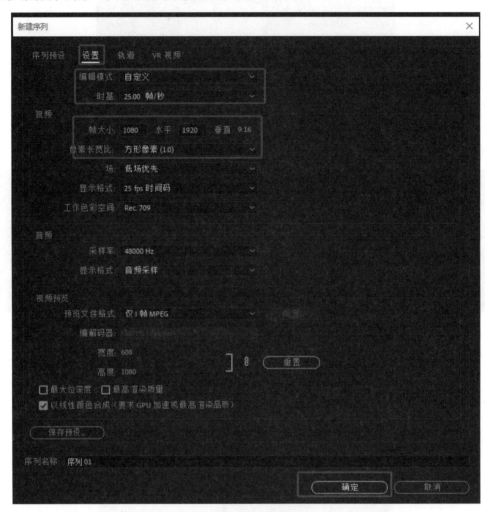

图 2-8　新建序列

步骤 2：将 1 段竖屏素材导入素材箱，拖至时间轴上，如图 2-9 所示。

图 2-9　导入素材并拖到时间轴

步骤3：在监视器面板可看到该竖屏素材，如图2-10所示。

图2-10 监视器面板

步骤4：在"效果控件"面板，展开"运动"的下拉列表，将"缩放"参数调整为"226.0"，如图2-11所示，即可在监视器面板看到如图2-12所示的画面。

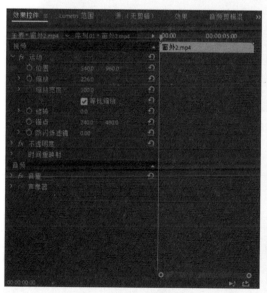

图2-11 调整缩放参数

图2-12 监视器画面

步骤5：匹配视频画面，在"项目"面板单击"新建项"按钮，选择"序列"选项，弹出"新建序列"对话框，将"编辑模式"改为"自定义"，"时基"设置为"25.00帧/秒"，"帧大小"的"水平"设置为"1920"，"垂直"设置为"1080"，"像素长宽比"设置为"方形像素(1.0)"，其余参数保持不变，单击"确定"按钮，如图2-13所示。

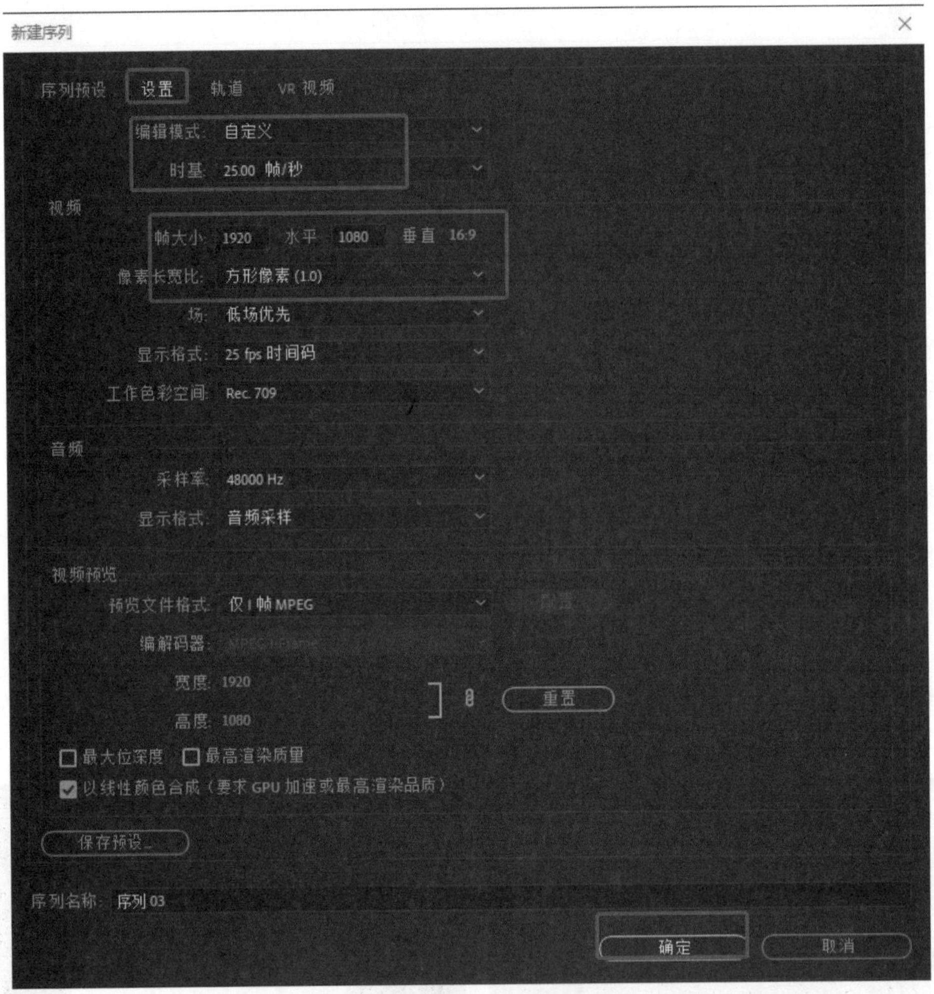

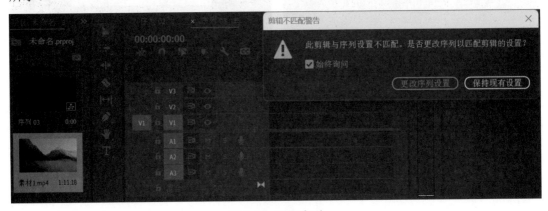

图 2-13　新建序列

步骤 6：将 1 段视频素材导入素材箱，拖至时间轴上，这时会显示"剪辑不匹配警告"窗口，单击"保持现有设置"按钮，会看到素材没有完全覆盖整个画面，如图 2-14 所示。

图 2-14　匹配序列

步骤 7：在"效果控件"面板，展开"运动"的下拉列表，将"缩放"参数调整为"294.0"，如图 2-15 所示。

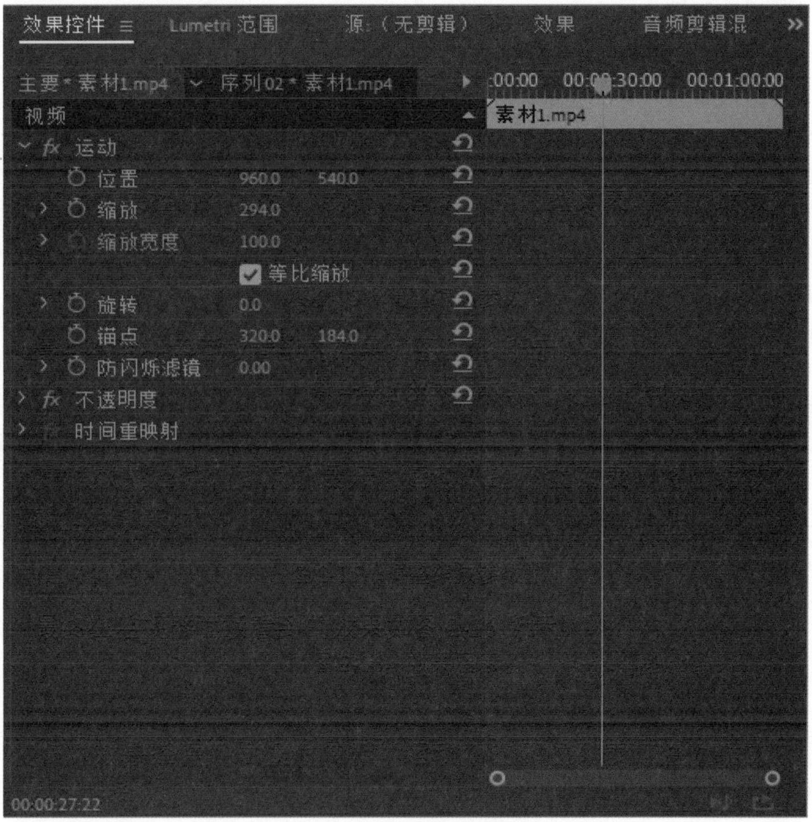

图 2-15　调整缩放参数

步骤 8：最终在监视器面板看到的效果如图 2-16 所示。

图 2-16　效果展示

五、总结评价

1. 小组汇报实施成果

小组汇报实施成果如表 2-2 所示。

表 2-2　实训操作结果汇报

案例名称	
自检基本情况	
自检组别	第　　　组
本组成员	组长：　　　组员：
检 查 情 况	
是否完成	
完成时间	
工作页填写情况 / 案例实施情况	优点 / 已完成部分 / 正确点： 缺点 / 未完成部分 / 错误点：
超时或未完成的 主要原因	
检查人签字：	日期：

2. 小组互评

小组互评如表 2-3 所示。

表 2-3　实训过程性评价表（小组互评）

组别：_____　　　组员：_____　　　案例名称：_____

学习环节	被评组别 / 组员	第_____组 姓名_____	
	评 分 细 则	分值	得分
相关知识	相关知识填写完整、正确	10	
	演讲、评价、展示等社会能力	10	
实训过程	小组成员分工明确、合理，每人的职责均已完成	5	
	能够进行小组合作	5	
	能够掌握新建序列的方法	10	
	能够能对素材和序列进行匹配	10	
	能够能根据影片的需求创建相对应的序列	20	
	能够正确完成微案例 1 和 2	20	
质量检验	任务总结正确、完整、流畅	5	
	工作效率较高（在规定时间内完成任务）	5	
总分 (100 分)	总得分：	评分人签字：	

六、课后作业

在竖屏序列中制作横屏视频（参照微案例 1 的方法）。

■ ■ ■ ■ 任务2　常见字幕的制作

一、任务引入

领导让小明给素材视频设置相匹配的字幕，他该如何完成任务呢？

二、相关知识

为什么要给视频做字幕呢？原因有 3 方面，其一是为了照顾听障人士，我国听障人士的比例占我国人口总数的 15%，平均每 20 个人里面就有 3 个听障人士；其二是为了方便国际交流，必要时需制作双语字幕；其三是为了便于观众理解语音内容。

三、资源准备

1. 教学设备与工具

(1) 机房；

(2) 多媒体；

(3) 案例素材。

2. 安全要求及注意事项

注意用电安全。

3. 职位分工

职位分工表如表 2-4 所示。

表 2-4 职 位 分 工 表

职 位	小组成员 (姓名)	工作分工	备 注
组长 A		任务分配，素材分发	组员间对完成的操作进行相互检查，最后交由组长进行审核
组员 B		画幅确定，素材整理	
组员 C		制作相应的字幕	
组员 D		完成视频并导出	

四、实践操作

微案例 1　制作旧版标题字幕

1. 任务要求

(1) 掌握用旧版标题新建字幕的方法；

(2) 掌握路径工具的用法。

制作旧版标题字幕

2. 实施步骤

步骤 1：将素材导入素材箱，并拖至时间轴上，如图 2-17 所示。

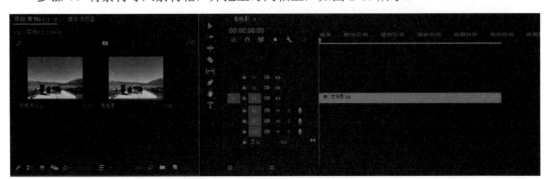

图 2-17　导入素材并拖到时间轴

步骤 2：执行"文件"→"新建"→"旧版标题"命令，单击"确定"按钮，即可打开"新建字幕"窗口，如图 2-18 所示。

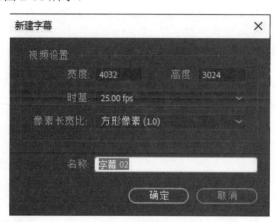

图 2-18　新建字幕

步骤 3：在窗口左上角的工具栏中包含了文字的移动、输入、路径工具和创建图形工具。首先，演示文字的输入，单击"文字工具"按钮，输入"迁徙"，然后全选，进行文字字体更改。"字体系列"可以更改字体，将字体改为"楷体"，"字体大小"改为"500.0"，"字符间距"改为"50.0"，并用中心工具使其垂直方向都居中，如图 2-19 所示。

图 2-19　新建并调整文字

步骤 4：也可以应用"路径文字工具"把文字按照特定的路径来进行排列，单击"路径文字工具"按钮，在视频画面中画出一个"～"路径，画完之后再次单击"路径文字工具"按钮，然后输入"一路向北走"，如图 2-20 所示。

图 2-20　添加路径文字

步骤 5：将鼠标指针移到视频画面中央画一个矩形，并用中心工具使其垂直方向都居中，如图 2-21 所示。

图 2-21　添加图形

　　步骤 6：在窗口右侧为调整字体参数的按钮，包含"变换""属性""填充""描边"等。"变换"选项中的参数调整基本与"效果控件"面板中的参数调整一致，这里的宽度与高度的调整是字体在垂直和水平方向的缩放。"属性"选项的参数主要调整的是文字的文本属性，如字体、字体样式、字体大小、间距等。接下来将文字"最美的时光"进行调整，单击"选择工具"，选中文字，将字体大小设置为"350.0"，"字符间距"设置为"30.0"，并用中心工具使其垂直方向都居中，如图 2-22 所示。

图 2-22　调整字体参数

　　步骤 7："填充"选项可以更改文本内容的颜色，这里选择画好的矩形，然后将颜色改为 RGB 值为 94、80、5 的颜色，如图 2-23 所示。

图 2-23　更改图形颜色

步骤 8：在"填充类型"选项中除了"实底"之外，还可以选择渐变。单击"选择工具"，选中"迁徙"文本，然后单击"填充类型"后面的下拉菜单，选择"线型渐变"选项，将"颜色"前面的颜色滑块调整为 RGB 值为 97、82、20 的颜色，将后面的颜色滑块调整为"白色"，"角度"设置为"36.0°"，如图 2-24 所示。

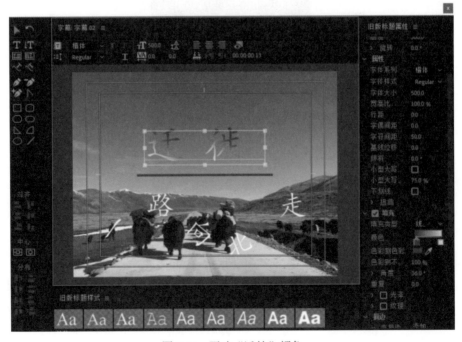

图 2-24　更改"迁徙"颜色

步骤 9："一路向北走"文本也按照上面的步骤进行操作，改变其颜色，并添加一个外描边，如图 2-25 所示。

图 2-25　更改颜色、添加描边

步骤 10：所有内容调整完成之后，点击关闭"旧版标题"窗口，在项目面板"素材箱"中找到字幕素材，拖至时间轴 V2 轨道上，根据实际情况更改字幕的时长即可，如图 2-26 所示。

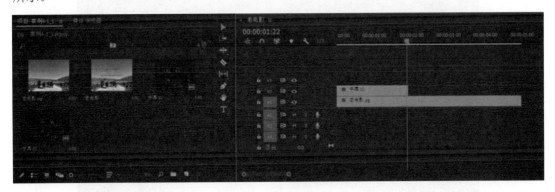

图 2-26　更改字幕时长

步骤 11：将字幕添加完成之后，若还需要新建一个要求相同的字幕，双击刚才添加字幕的素材就可以打开"旧版标题"窗口，然后在视频上面的工具栏单击"基于当前字幕新建字幕"按钮，弹出"新建字幕"窗口，单击"确定"按钮，如图 2-27 所示。

图 2-27　基于当前字幕新建字幕

步骤 12：关闭字幕窗口，然后将新建好的字幕拖至时间轴面板 V2 轨道上，如图 2-28 所示。

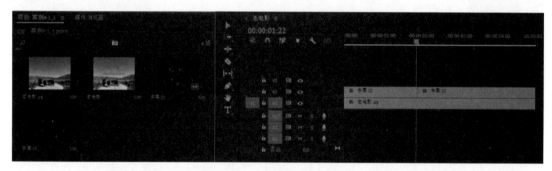

图 2-28　添加字幕到 V2 轨道

步骤 13：双击第二条字幕素材打开"旧版标题"窗口，将原有的内容删除，输入"石渠"和"长须贡玛乡"，这样第二条字幕就和第一条字幕有了相同的属性，如图 2-29 所示。

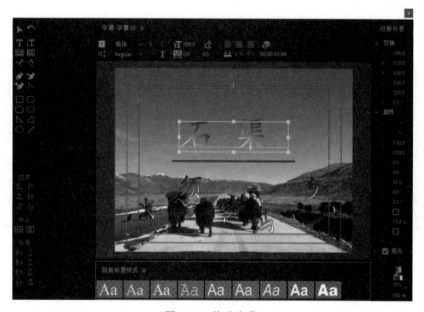

图 2-29　修改字幕

微案例2　基本图形编辑

基本图形编辑

1. 任务要求

(1) 掌握基本图形工具所在的位置；

(2) 掌握基本图形工具参数的调整方法；

(3) 掌握基本图形工具模板的使用方法。

2. 实施步骤

步骤1：先将"亭子.mp4"素材拖至时间轴面板上，并将工作区面板切换为图形工作区，在"基本图形"面板选择"编辑"选项卡，如图2-30所示。

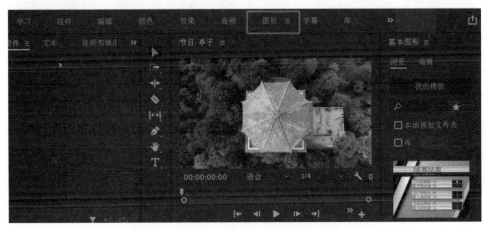

图2-30　导入并打开素材

步骤2：在"编辑"选项中单击"新建图层"按钮，选择"文本"选项，打开文本设置界面，如图2-31所示。

图2-31　打开文本设置界面

步骤3：单击"文字工具"按钮，选中"新建文本图层"文字并将其删除，输入文字

"最美的风景",然后在"文本"选项中选择字体,如图 2-32 所示。

图 2-32　更改文字

　　步骤 4:在"对齐并变换"选项中调整文字的位置为"(26.0、672.0)",其他参数选择默认值,如图 2-33 所示。

图 2-33　更改位置

步骤 5：文字背景层调整。单击"新建图层"按钮，选择"矩形"，在"外观"选项下将填充颜色改为"蓝色"，然后将"形状 01"图层拖至文字"最美的风景"图层下方，如图 2-34 所示。

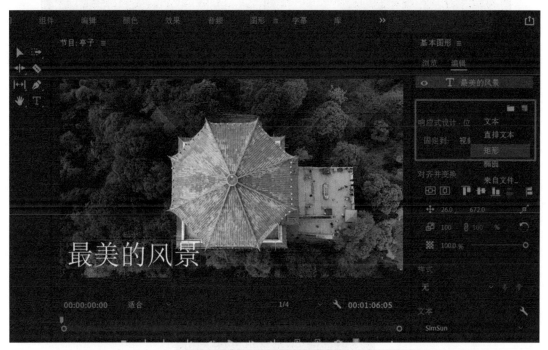

图 2-34　添加形状图层

步骤 6：使用"选择工具"调整背景层位置与大小，如图 2-35 所示。

图 2-35　调整图层位置

步骤 7：最后给背景进行美化工作。在"基本图形"面板中选中"形状 01"图层，单击鼠标右键，选择"复制"选项，然后在空白处单击鼠标右键，选择"粘贴"选项，如图 2-36 所示。

图 2-36　复制粘贴形状图层

步骤 8：将复制的"形状 01"图层拖至最下面，并将"填充"颜色改为"白色"，如图 2-37 所示。

图 2-37　更改颜色

步骤 9：使用"选择工具"调整白色背景图层位置，使其和蓝色图层在位置上进行错落，如图 2-38 所示。

步骤 10：基本图形模板是 Adobe Premiere Pro CC 版本中自带的一种文字模板，操作时只需要修改文字就可直接使用。具体操作方法为：先将素材拖至时间轴面板上，将工作区切换为图形工作区后，在"基本图形"面板的"浏览"选项卡中即可看到图形模板，如图 2-39 所示。

图 2-38　更改位置

图 2-39　浏览基本图形模板

步骤 11：根据实际情况选择一款合适的模板，直接拖至时间轴面板上，如图 2-40 所示。

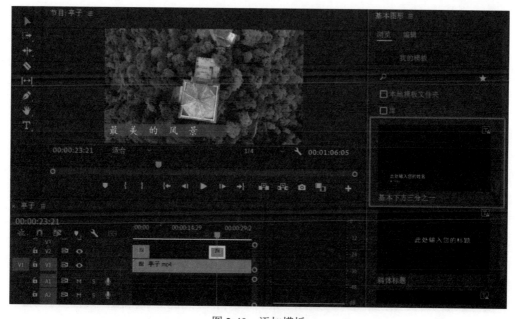

图 2-40　添加模板

步骤 12：在时间轴面板中单击字幕模板就可在"编辑"选项卡中调整模版的各种参数，这里将文本框中的内容改为"最美的风景"，如图 2-41 所示。

图 2-41　更改文字

步骤 13：根据实际情况进行细节调整，最终效果如图 2-42 所示。

图 2-42　效果展示

五、总结评价

1. 小组汇报实施成果

小组汇报实施成果如表 2-5 所示。

表 2-5　实训操作结果汇报

案例名称		
自检基本情况		
自检组别	第　　　组	
本组成员	组长：　　　　组员：	
检 查 情 况		
是否完成		
完成时间		
工作页填写情况 / 案例实施情况	优点 / 已完成部分 / 正确点：	
	缺点 / 未完成部分 / 错误点：	
超时或未完成的 主要原因		
检查人签字：	日期：	

2. 小组互评

小组互评如表 2-6 所示。

表 2-6　实训过程性评价表（小组互评）

组别：_____　组员：_____　案例名称：_____

学习环节	被评组别 / 组员		第_____组 姓名_____	
	评 分 细 则		分值	得分
相关知识	相关知识填写完整、正确		10	
	演讲、评价、展示等社会能力		10	
实训过程	小组成员分工明确、合理，每人的职责均已完成		5	
	能够进行小组合作		5	
	能够掌握字幕的添加方法		10	
	能够掌握多种字幕特效的制作方法		10	
	能够掌握建立旧版标题字幕的方法		20	
	能够使用基本图形工作区编辑字幕		20	
质量检验	任务总结正确、完整、流畅		5	
	工作效率较高（在规定时间内完成任务）		5	
总分 (100 分)	总得分：		评分人签字：	

六、课后作业

为一则新闻短片制作字幕，包括片头字幕。

项目三 字幕效果设计和转场应用

项目目标

知识目标

1. 了解市面上常见的字幕特效有哪些
2. 了解字幕制作的重要性
3. 了解什么是转场
4. 了解转场的应用范围

能力目标

1. 掌握蒙版路径运用的方法
2. 掌握 "Alpha 发光" 效果的运用方法
3. 掌握关键帧动画的添加方法
4. 掌握添加转场的方法
5. 掌握视频效果的添加方法
6. 能根据视频所需添加不同的转场
7. 能利用转场改变视频的节奏

技能目标

1. 能运用关键帧动画来设置字幕
2. 能使用 "Alpha 发光" 效果编辑字幕
3. 能进行转场效果的编辑
4. 能把握视频的节奏感

任务1 高级字幕效果的制作

一、任务引入

领导让小明给素材视频设置书写效果和扫光效果的字幕，他该如何完成任务呢？

二、相关知识

1.蒙版路径动起来的方法

通过添加关键帧，在每一个不同的关键帧上改变蒙版路径，这样在两个关键帧之间的蒙版路径就可以形成动画效果。

2."Alpha 发光"效果的添加方法

"Alpha 发光"在"视频效果"里的"风格化"选项里，直接用鼠标左键选取，再拖动到需要添加的视频上就添加好了。

三、资源准备

1.教学设备与工具

(1) 机房；

(2) 多媒体；

(3) 案例素材。

2.安全要求及注意事项

注意用电安全。

3.职位分工

职位分工如表 3-1 所示。

表 3-1　职 位 分 工 表

职　位	小组成员 (姓名)	工作分工	备　注
组长 A		任务分配，素材分发	组员间对完成的操作进行相互检查，最后交由组长进行审核
组员 B		画幅确定，素材整理	
组员 C		制作相应的字幕	
组员 D		完成视频并导出	

四、实践操作

微案例 1　"书写"文字效果

"书写"文字效果

1.任务要求

(1) 掌握添加"书写"效果的方法；

(2) 掌握关键帧的用法。

2.实施步骤

步骤 1：将"湖面 .mp4"素材导入，拖至时间轴上，执行"文件"→"新建"→"旧版标题"命令，弹出"新建字幕"窗口，单击"确定"按钮，输入文字"湖面"。在"旧版标题属性"选项中将"字体系列"设置为"楷体","X 位置"参数调整为"708.0","Y位置"参数调整为"361.0","字体大小"参数调整为"187.0","字符间距"参数调整为"42.0","颜色"设置为白色,"描边"中添加"外描边"效果。所有参数设置完成之后,将字幕拖至时间轴 V2 轨道上,如图 3-1 所示。

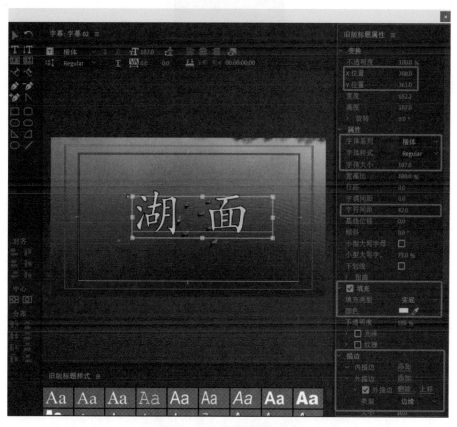

图 3-1　导入素材并新建字幕

步骤 2:将"字幕 01"的长度调整为与"湖面 .mp4"素材一样,然后选中"字幕 01"素材,单击鼠标右键,选择"嵌套"选项,如图 3-2 所示。

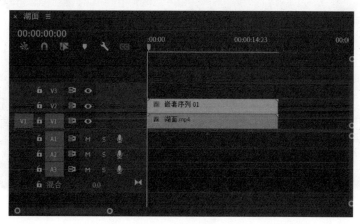

图 3-2　嵌套序列

步骤3：打开"效果"面板，在"视频效果"下拉列表中选择"生成"→"书写"效果，然后将其添加到时间轴 V2 轨道嵌套素材上，如图 3-3 所示。

图 3-3　添加"书写"效果

步骤4：调整"书写"效果参数。在"效果控件"面板单击"书写"，在"节目"面板出现一个"十字星"的标志，将标志移动到字幕笔画的开始位置，将画笔"颜色"改为红色，"画笔大小"参数设置为"13.0"，"画笔硬度"参数设置为"70%"，"画笔间隔（秒）"参数设置为"0.001"，如图 3-4 所示。

图 3-4　调整参数

步骤5：开始对文字笔画进行描绘。首先打位置的关键帧，将时间指示器放在 1 s 的位置，然后单击"画笔位置"处的 按钮，连续按键盘的右方向键 2 次，然后开始移动"十字星"标志，如图 3-5 所示。

图 3-5　添加关键帧

步骤 6：重复上面的步骤进行文字描绘，每按 2 次右方向键就移动一下"十字星"标志，直到所有文字的笔画描完，如图 3-6 所示。

图 3-6　完成文字描绘

步骤 7：将"书写"效果下的"绘制样式"选项设置为"显示原始图像"，如图 3-7 所示。

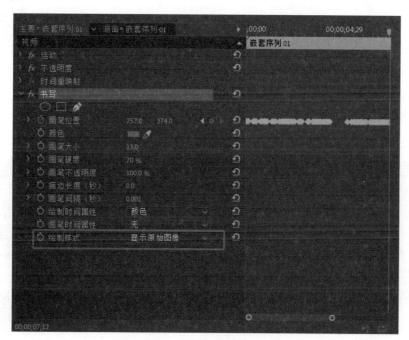

图 3-7　改变绘制样式

步骤 8：最终效果如图 3-8 所示。

图 3-8   效果展示

微案例 2   扫 光 效 果

扫光效果

1. 任务要求

(1) 掌握"Alpha 发光"效果的运用；

(2) 掌握蒙版路径的运用方法；

(3) 掌握关键帧动画的设置。

2. 实施步骤

步骤 1：将"背景 .mp4"素材导入素材箱，并拖至时间轴上，如图 3-9 所示。

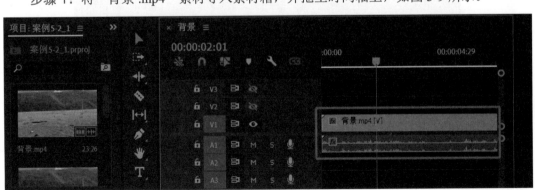

图 3-9   导入素材并拖到时间轴

步骤2：执行"文件"→"新建"→"旧版标题"命令，弹出"新建字幕"窗口，单击"确定"按钮，然后输入"美丽的草原"，"字体"设置为"楷体"，"字体大小"参数设置为"80.0"，"X位置"参数调整为"284.5"，"Y位置"参数调整为"151.0"，"颜色"参数设置为灰色，设置完成之后关闭"字幕"窗口，如图3-10所示。

图3-10 设置文字

步骤3：将"字幕01"素材拖至V2轨道上，如图3-11所示。

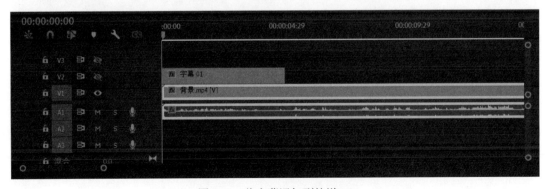

图3-11 将字幕添加到轨道V2

步骤 4：按住 Alt 键，同时单击"字幕 01"素材并拖至 V3 轨道上，如图 3-12 所示。

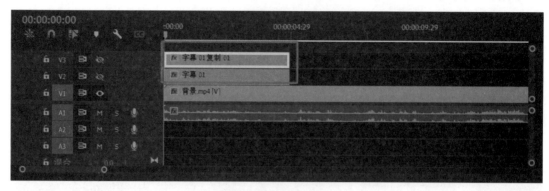

图 3-12　复制字幕

步骤 5：双击打开 V3 轨道上的文字素材，选中字体内容，将"颜色"设置成白色，调整完成后关闭"字幕"窗口，其他参数设置如图 3-13 所示。

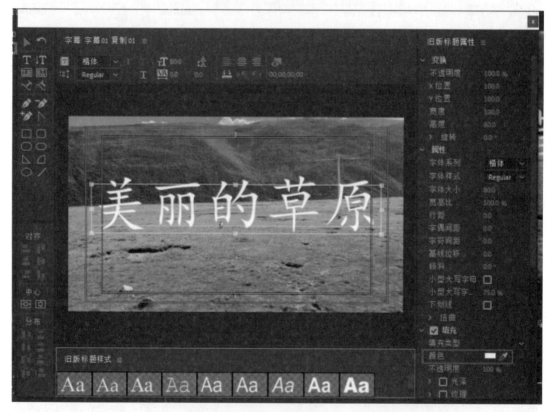

图 3-13　更改颜色

步骤 6：打开"效果"面板，在"视频效果"下拉列表中选择"风格化"→"Alpha 发光"效果，将其拖至 V3 轨道字幕素材上，如图 3-14 所示。

图 3-14　添加效果

步骤 7：打开"效果控件"面板，在"Alpha 发光"选项下将"发光"参数调整为"18"，"亮度"参数调整为"230"，"起始颜色"和"结束颜色"均设置为白色，如图 3-15 所示。

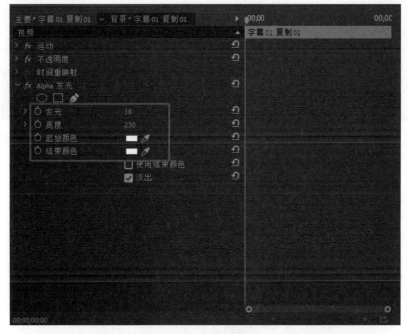

图 3-15　调整参数

步骤 8：选择 V3 轨道上的字幕素材，在"效果控件"面板的"不透明度"选项下单击"创建 4 点多边形蒙版"按钮，然后调整蒙版位置，如图 3-16 所示。

图 3-16 添加蒙版

步骤 9：设置关键帧动画，将时间帧拖至时间轴开始位置，单击蒙版路径的"切换动画"按钮，然后将"时间帧"移至 2 s 处，水平拖动蒙版至文字尾部，将"蒙版羽化"参数值调整为"40.0"，如图 3-17 所示。

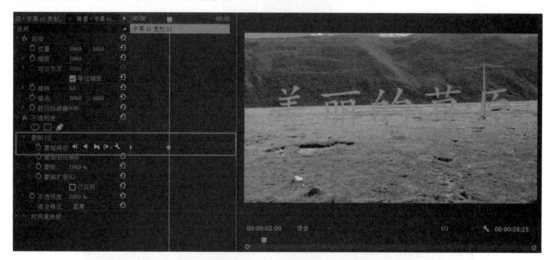

图 3-17 添加关键帧

步骤 10：最终效果如图 3-18 所示。

图 3-18 效果展示

五、总结评价

1. 小组汇报实施成果

小组汇报实施成果如表 3-2 所示。

表 3-2　实训操作结果汇报

案例名称		
自检基本情况		
自检组别	第　　　组	
本组成员	组长：　　　　组员：	
检 查 情 况		
是否完成		
完成时间		
工作页填写情况 / 案例实施情况	优点 / 已完成部分 / 正确点：	
	缺点 / 未完成部分 / 错误点：	
超时或未完成的 主要原因		
检查人签字：	日期：	

2. 小组互评

小组互评如表 3-3 所示。

表 3-3　实训过程性评价表（小组互评）

组别：_____　组员：_____　案例名称：_____

学习环节	被评组别 / 组员	第_____组 姓名_____	
	评 分 细 则	分值	得分
相关知识	相关知识填写完整、正确	10	
	演讲、评价、展示等社会能力	10	
实训过程	小组成员分工明确、合理，每人的职责均已完成	5	
	能够进行小组合作	5	
	能够理解关键帧的意义	10	
	能够掌握蒙版路径的运用方法	10	
	能够使用"Alpha 发光"效果编辑字幕	20	
	能够使用关键帧动画来设置字幕	20	
质量检验	任务总结正确、完整、流畅	5	
	工作效率较高（在规定时间内完成任务）	5	
总分（100 分）	总得分：	评分人签字：	

六、课后作业

选择一段自己喜欢的视频，为其制作一个动态的片头。

任务2　常规转场效果的制作

一、任务引入

领导让小明把多段风景视频用合适的转场效果连接起来，他该如何完成任务呢？

二、相关知识

1. 添加转场的方法

在轨道上两段视频的交接处添加"效果"→"视频过渡"里面的不同方式的转场效果，或者通过调整、组合的方式，利用"效果"→"视频效果"中的效果来制作转场效果。

2. 转场效果的编辑方法

在"效果控件"里面调整所添加转场、视频效果的参数来完成转场效果的编辑。

三、资源准备

1. 教学设备与工具

(1) 机房;

(2) 多媒体;

(3) 案例素材。

2. 安全要求及注意事项

注意用电安全。

3. 职位分工

职位分工如表 3-4 所示。

表 3-4 职 位 分 工 表

职 位	小组成员 (姓名)	工作分工	备 注
组长 A		任务分配,素材分发	组员间对完成的操作进行相互检查,最后交由组长进行审核
组员 B		画幅确定,素材整理	
组员 C		选择合适的转场对视频进行组合	
组员 D		完成视频并导出	

四、实践操作

微案例 1   经 典 转 场

1. 任务要求

(1) 掌握添加转场效果的方法;

(2) 掌握利用视频效果转场的方法。

经典转场

2. 实施步骤

1) 交叉溶解效果的添加方法

步骤 1:将 2 段视频素材导入素材箱,再将素材拖曳至时间轴面板轨道上,并将素材依次放置,如图 3-19 所示。

图 3-19   导入素材并拖放到时间轴

步骤2：给轨道上素材交界处，添加"效果"→"视频过渡"→"缩放"→"交叉溶解"效果，并通过拖曳调整"交叉溶解"效果的时间长度，如图3-20所示。

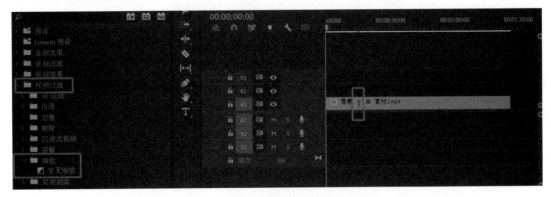

图3-20　添加交叉溶解

步骤3：选中轨道上的任意一段素材，打开"效果控件"面板，将时间指示器拖曳至"交叉溶解"效果的开始位置，单击"不透明度"前的 按钮，然后将时间指示器拖曳至效果末端，将"不透明度"参数调整为"0.0%"，如图3-21所示。

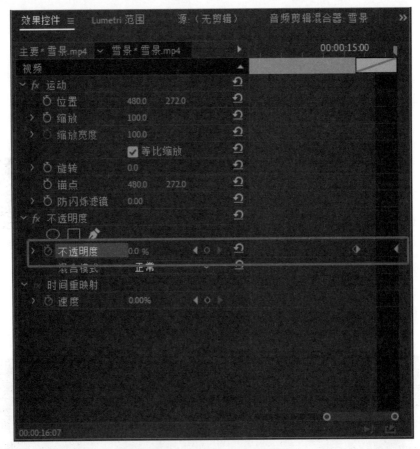

图3-21　调整不透明度参数

步骤4：最终效果如图3-22所示。

图 3-22　效果展示

2) 渐变转场效果的添加方法

步骤 1：将 2 段视频素材导入素材箱，再将素材拖曳至时间轴面板轨道上，并将素材依次放置，长度调为一致，如图 3-23 所示。

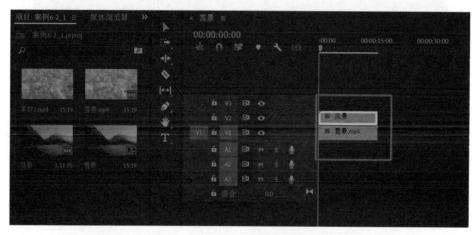

图 3-23　导入素材并拖放到时间轴

步骤 2：选中 V2 轨道上的素材，添加"效果"→"视频效果"→"过渡"→"渐变擦除"效果，如图 3-24 所示。

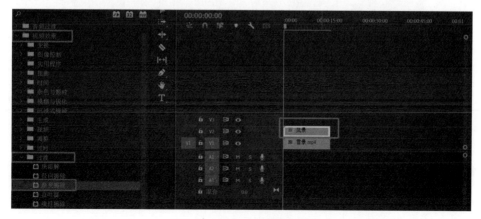

图 3-24　添加渐变擦除效果

步骤3：打开"效果控件"面板，将时间指示器拖曳至"渐变擦除"效果的开始位置，单击"渐变擦除"选项下的"过渡完成"前面的■按钮，然后将时间指示器拖曳至效果末端，将"过渡完成"参数调整为"100%"，将"过渡柔和度"参数调整为"10%"，如图3-25所示。

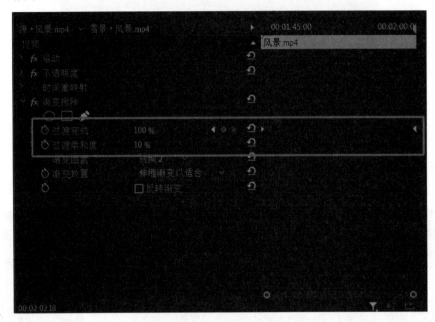

图3-25 调整参数

步骤4：最终效果如图3-26所示。

图3-26 效果展示

微案例2 键控和遮罩

1.任务要求

(1) 掌握两种键控效果的运用；

(2) 掌握遮罩的运用方法。

2. 实施步骤

1) 亮度键效果的运用方法

步骤 1： 将 2 段视频素材导入素材箱，并将素材拖曳至时间轴面板轨道上，如图 3-27 所示。

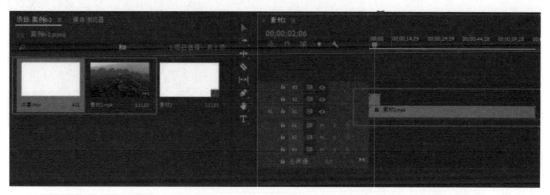

图 3-27　导入素材并拖放到时间轴

步骤 2： 选择 V2 轨道上的素材，添加"效果"→"视频效果"→"键控"→"亮度键"效果，如图 3-28 所示。

步骤 3： 选择 V2 轨道上的素材，打开"效果控件"面板，将"亮度键"下面的"阈值"参数调整为"65.0%"，"屏蔽度"参数调整为"70.0%"，如图 3-29 所示。

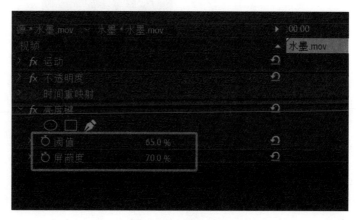

图 3-28　添加亮度键效果　　　　　　　　图 3-29　调整参数

2) 差值遮罩效果的运用方法

步骤 1：将 2 段视频素材导入素材箱，并将素材拖曳至时间轴面板轨道上，如图 3-30 所示。

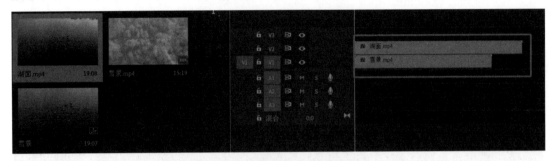

图 3-30　导入素材并拖放到时间轴

步骤 2：选择 V2 轨道上的素材，添加"效果"→"视频效果"→"键控"→"差值遮罩"效果，如图 3-31 所示。

图 3-31　添加差值遮罩效果

步骤 3：选择 V2 轨道上的素材，打开"效果控件"面板，将"差值遮罩"下面的"差值图层"调整为"视频 1"，"匹配容差"参数调整为"0.0%"，"匹配柔和度"参数调整为

"0.0%"，如图 3-32 所示。

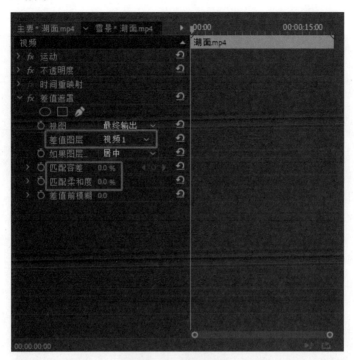

图 3-32 调整参数

步骤 4：将时间指示器移动到素材开始的位置，并选中 V2 轨道的素材，在"效果控件"面板内，单击"匹配容差"前的 按钮，如图 3-33 所示。

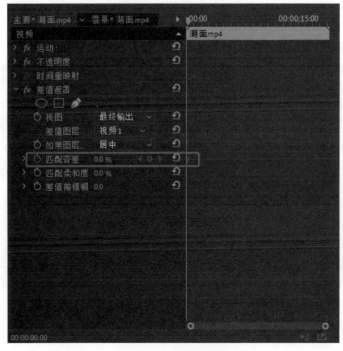

图 3-33 添加关键帧

步骤 5：将时间指示器移动到素材结束的位置，将"匹配容差"参数调整为"100.0%"，如图 3-34 所示。

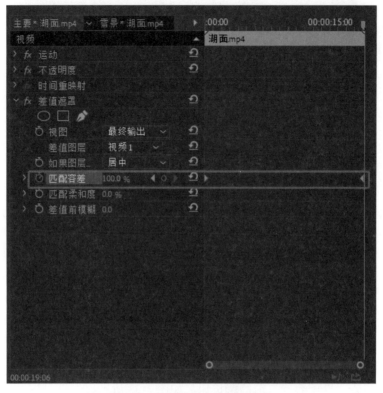

图 3-34　添加关键帧并调整参数

3) 轨道遮罩键效果的运用方法

步骤 1：将第 1 段视频素材导入素材箱，并拖曳至时间轴面板上，如图 3-35 所示。

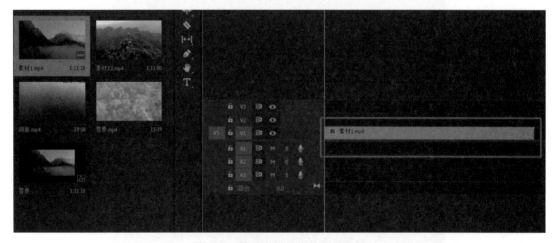

图 3-35　导入素材并拖放到时间轴

步骤 2：选择"文字工具"，输入文字"大好河山"，并调整其大小、间距、位置、时长，如图 3-36 所示。

图 3-36 输入文字

步骤 3：选择 V1 轨道上的视频，再添加"效果"→"视频效果"→"键控"→"轨道遮罩键"效果，如图 3-37 所示。

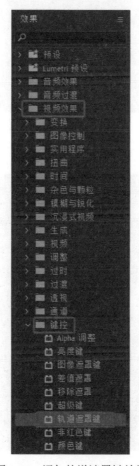

图 3-37 添加轨道遮罩键效果

步骤 4：打开"效果控件"面板，单击"轨道遮罩键"下面的"遮罩"，选择"视频2"，就可以看见字体部分有 V1 轨道上视频的底色，如图 3-38 所示。

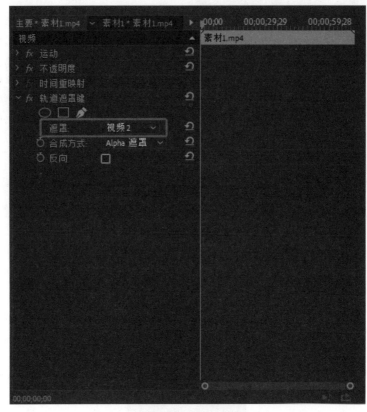

图 3-38　调整参数

步骤 5：最终效果如图 3-39 所示。

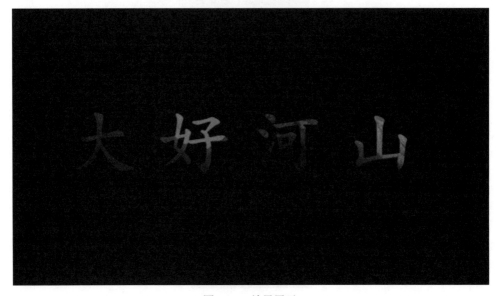

图 3-39　效果展示

五、总结评价

1. 小组汇报实施成果

小组汇报实施成果如表 3-5 所示。

表 3-5　实训操作结果汇报

案例名称		
自检基本情况		
自检组别	第　　　　组	
本组成员	组长：　　　　组员：	
检 查 情 况		
是否完成		
完成时间		
工作页填写情况 / 案例实施情况	优点 / 已完成部分 / 正确点： 缺点 / 未完成部分 / 错误点：	
超时或未完成的 主要原因		
检查人签字：	日期：	

2. 小组互评

小组互评如表 3-6 所示。

表 3-6   实训过程性评价表（小组互评）

组别：_____   组员：_____   案例名称：_____

学习环节	被评组别 / 组员		第_____组 姓名_____	
	评 分 细 则		分值	得分
相关知识	相关知识填写完整、正确		10	
	演讲、评价、展示等社会能力		10	
实训过程	小组成员分工明确、合理，每人的职责均已完成		5	
	能够进行小组合作		5	
	能够掌握转场的添加方法		10	
	够掌握转场的改变方法		10	
	能够完成利用视频效果制作转场		20	
	能够正确完成微案例 1 和 2		20	
质量检验	任务总结正确、完整、流畅		5	
	工作效率较高（在规定时间内完成任务）		5	
总分（100 分）	总得分：		评分人签字：	

六、课后作业

制作一段 30 s 左右的卡点视频。

项目四　视频效果设计与制作

项目目标

知识目标

1. 了解视频特效
2. 了解视频效果的应用范围
3. 了解视觉错位

能力目标

1. 掌握添加视频效果的方法
2. 掌握修改视频效果参数的方法
3. 能根据视频所需添加不同的视频效果
4. 能够通过关键帧来变换视频效果
5. 掌握蒙版的绘制和运用方法
6. 掌握图层之间的遮挡关系
7. 能够通过关键帧来制作动画效果

技能目标

1. 能进行视频效果的编辑
2. 能把握视频效果的应用方式
3. 能根据要求制作出所需的视频效果

任务1　常见视频效果的制作

一、任务引入

领导让小明给素材视频制作模糊和镜像效果，他该如何完成任务呢？

二、相关知识

1. 电影中画面突然模糊的效果的制作方法

一般常用的模糊方式有两种：高斯模糊和方块模糊，在"效果"→"视频效果"→"模糊与锐化"中选择添加。

2. 视频效果的编辑方法

在"效果控件"里面调整所添加视频效果的参数，可完成视频效果的编辑。

三、资源准备

1. 教学设备与工具

(1) 机房；

(2) 多媒体；

(3) 案例素材。

2. 安全要求及注意事项

注意用电安全。

3. 职位分工

职位分工如表 4-1 所示。

表 4-1 职位分工表

职位	小组成员（姓名）	工作分工	备注
组长 A		任务分配，素材分发	组员间对完成的操作进行相互检查，最后交由组长进行审核
组员 B		画幅确定，素材整理	
组员 C		制作相应的画面效果	
组员 D		完成视频并导出	

四、实践操作

微案例 1 两 种 模 糊

两种模糊 +
镜像效果制作

1. 任务要求

(1) 掌握添加视频效果的方法；

(2) 掌握使用两种模糊效果的方法。

2. 实施步骤

1) 高斯模糊效果的添加方法

步骤 1：将 1 个素材导入素材箱，并将素材拖曳至时间轴面板轨道上，如图 4-1 所示。

步骤 2：选择素材，添加"效果"→"视频效果"→"模糊与锐化"→"高斯模糊"效果，如图 4-2 所示。

图 4-1　导入素材并拖放到时间轴

图 4-2　添加高斯模糊

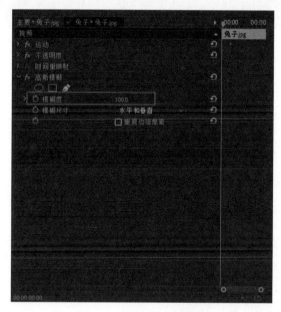

图 4-3　调整模糊度参数

步骤 3：打开"效果控件"面板，将"高斯模糊"下面的"模糊度"参数调整为"100.0"，如图 4-3 所示。

步骤 4：最终效果如图 4-4 所示。

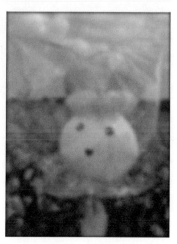

图 4-4　效果展示

2) 方块模糊效果的添加方法

步骤 1：将 1 个素材导入素材箱，并将素材拖曳至时间轴面板轨道上，如图 4-5 所示。

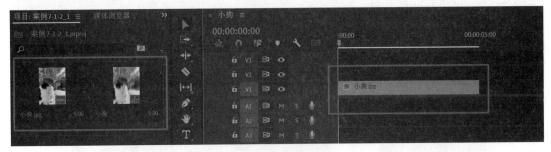

图 4-5　导入素材并拖放到时间轴

步骤 2：选择素材，添加"效果"→"视频效果"→"模糊与锐化"→"方向模糊"效果，如图 4-6 所示。

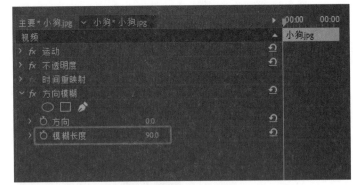

图 4-6　添加方向模糊　　　　　　　　图 4-7　调整模糊度参数

步骤 3：打开"效果控件"面板，将"方向模糊"下面的"模糊长度"参数调整为"90.0"，如图 4-7 所示。

步骤 4：最终效果如图 4-8 所示。

图 4-8　效果展示

微案例 2　镜像效果制作

1. 任务要求

(1) 掌握扭曲效果的运用；

(2) 掌握镜像效果的制作方法。

2. 实施步骤

步骤 1：导入 2 段视频素材，并拖曳至时间轴面板上，如图 4-9 所示。

图 4-9　导入素材并拖放到时间轴

步骤 2：新建"调整图层"，并将其拖曳至 V2 轨道上，位置在 V1 轨道素材的中间，调整长度使其左右跨度各 5 帧位置，将时间指示器移动到两段素材中间的位置，按住 Shift 键的同时按一次左方向键，将时间指示器之前的"调整图层"素材删除，按住 Shift 键的同时按两次右方向键，将时间指示器之后的"调整图层"素材删除，如图 4-10 所示。

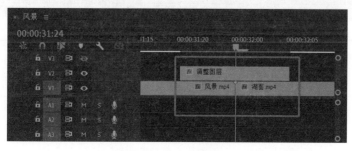

图 4-10　添加调整图层

步骤 3：复制一层"调整图层"素材，按住 Alt 键向上拖曳素材至 V3 轨道上，如图 4-11 所示。

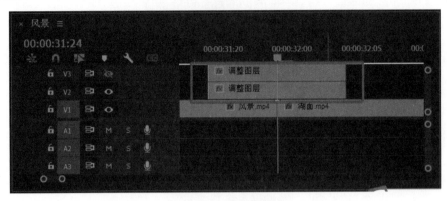

图 4-11 复制调整图层

步骤 4：添加"效果"→"视频效果"→"风格化"→"复制"效果至 V2 轨道上，然后打开"效果控件"面板，将"复制"选项下的"计数"参数调整为"3"，如图 4-12 所示。

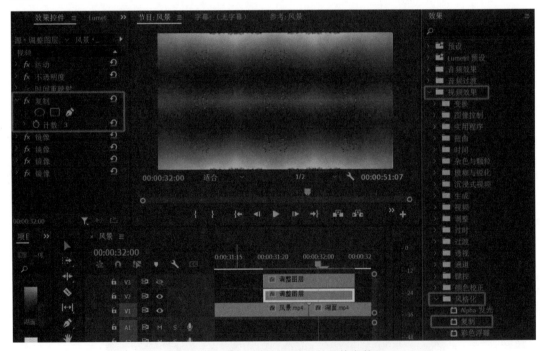

图 4-12 添加"复制"效果并调整参数

步骤 5：第一次添加"镜像"效果，将"效果"→"视频效果"→"扭曲"→"镜像"效果添加到 V2 轨道上，打开"效果控件"面板，将"镜像"下的"反射角度"参数调整为"90.0°"，将"反射中心"代表 y 轴的参数调整为"479.0"，使下面两层视频对称，如图 4-13 所示。

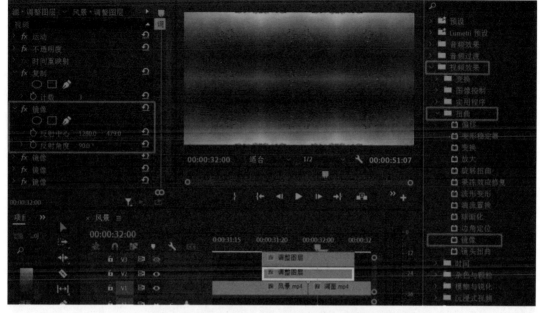

图 4-13 第一次添加"镜像"效果并调整参数

　　步骤 6：第二次添加"镜像"效果，将"效果"→"视频效果"→"扭曲"→"镜像"效果添加到 V2 轨道上，打开"效果控件"面板，将"镜像"下的"反射角度"参数调整为"-90.0°"，将"反射中心"代表 y 轴的参数调整为"360.0"，使上面两层视频对称，如图 4-14 所示。

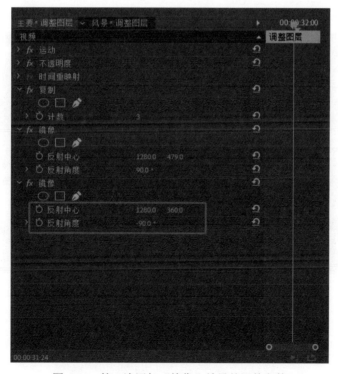

图 4-14 第二次添加"镜像"效果并调整参数

步骤 7：第三次添加"镜像"效果，将"效果"→"视频效果"→"扭曲"→"镜像"效果添加到 V2 轨道上，打开"效果控件"面板，将"镜像"下的"反射角度"参数调整为"0.0"，将"反射中心"代表 x 轴的参数调整为"851.0"，使右边两层视频对称，如图 4-15 所示。

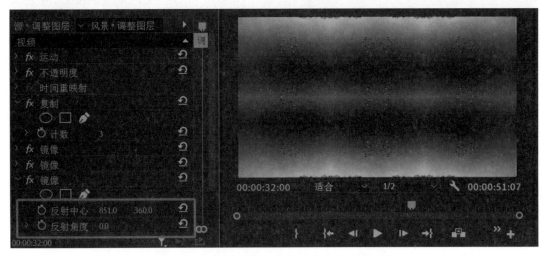

图 4-15　第三次添加"镜像"效果并调整参数

步骤 8：第四次添加"镜像"效果，将"效果"→"视频效果"→"扭曲"→"镜像"效果添加到 V2 轨道上，打开"效果控件"面板，将"镜像"下的"反射角度"参数调整为"180.0°"，将"反射中心"代表 x 轴的参数调整为"638.0"，使左边两层视频对称，如图 4-16 所示。

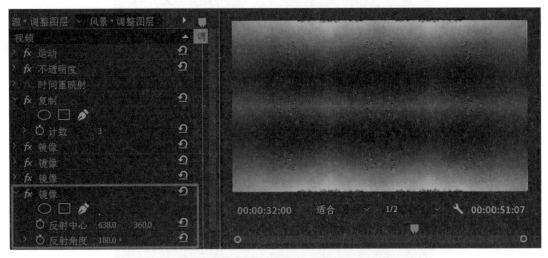

图 4-16　第四次添加"镜像"效果并调整参数

步骤 9：选择 V3 轨道上的"调整图层"素材，将"效果"→"视频效果"→"扭曲"→"变换"效果添加到 V3 轨道上，打开"效果控件"面板，将"变换"下的"缩放"参数调整为"300.0"，取消勾选"使用合成的快门角度"，将"快门角度"参数调整为

"360.00"，如图 4-17 所示。

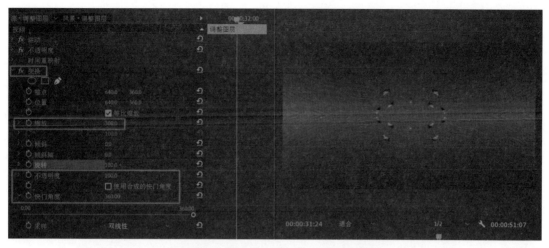

图 4-17 添加"变换"效果并调整参数

步骤 10：将时间指示器移动到"调整图层"素材第一帧位置，打开"效果面板"，单击"变换"下的"旋转"前面的 ⏱ 按钮，然后将时间指示器移动到最后一帧位置，将"旋转"参数调整为 360°，软件显示的数值含义为 1 圈，也就是"1×0.0°"，如图 4-18 所示。

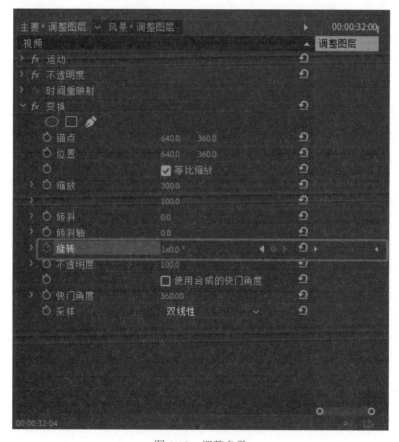

图 4-18 调整参数

五、总结评价

1. 小组汇报实施成果

小组汇报实施成果如表 4-2 所示。

表 4-2　实训操作结果汇报

案例名称	
自检基本情况	
自检组别	第　　　组
本组成员	组长：　　　　　组员：
检 查 情 况	
是否完成	
完成时间	
工作页填写情况 / 案例实施情况	优点 / 已完成部分 / 正确点： 缺点 / 未完成部分 / 错误点：
超时或未完成的主要原因	
检查人签字：	日期：

2. 小组互评

小组互评如表 4-3 所示。

表 4-3　实训过程性评价表（小组互评）

组别：_____　　组员：_____　　案例名称：_____

学习环节	被评组别 / 组员	第_____组 姓名_____	
	评 分 细 则	分值	得分
相关知识	相关知识填写完整、正确	10	
	演讲、评价、展示等社会能力	10	
实训过程	小组成员分工明确、合理，每人的职责均已完成	5	
	能够进行小组合作	5	
	能够掌握视频效果的添加方法	10	
	能够掌握视频效果的编辑方法	10	
	能够完成利用视频效果制作视频所需效果	20	
	能够正确完成微案例 1 和 2	20	
质量检验	任务总结正确、完整、流畅	5	
	工作效率较高 (在规定时间内完成任务)	5	
总分 (100 分)	总得分：	评分人签字：	

六、课后作业

给素材视频添加 3 个不同的视频效果，并使其衔接自然。

任务2　常用视频效果的制作

一、任务引入

领导让小明给素材视频添加视觉错位效果和画面切换效果，他该如何完成任务呢？

二、相关知识

1. 蒙版

顾名思义，蒙版这个词就是图形影像专业人员做设计剪辑时常说的"显示和隐藏"的意思。在 PR 中，给某段视频上蒙版，意思就是显示视频中蒙版对应位置的内容，如果选择反向蒙版就是显示蒙版之外的画面。

2. 将静止的图片变成动态

通过在"效果控件"里面调整"运动"参数，在不同的地方添加上关键帧并调整数值使其有差别，从而实现图片的动画制作。

三、资源准备

1. 教学设备与工具

(1) 机房；

(2) 多媒体；

(3) 案例素材。

2. 安全要求及注意事项

注意用电安全。

3. 职位分工

职位分工如表 4-4 所示。

表 4-4　职位分工表

职　位	小组成员 (姓名)	工作分工	备　注
组长 A		任务分配，素材分发	组员间对完成的操作进行相互检查，最后交由组长进行审核
组员 B		画幅确定，素材整理	
组员 C		制作相应视频效果	
组员 D		完成视频并导出	

四、实践操作

微案例 1　图片视觉错位效果

图片视觉
错位效果

1. 任务要求

(1) 掌握蒙版绘制的方法；

(2) 掌握图层之间的遮挡关系；

(3) 掌握添加关键帧动画的方法。

2. 实施步骤

步骤 1：将图片素材"8-1.jpg"导入素材箱，并拖放至时间轴面板上，如图 4-19 所示。

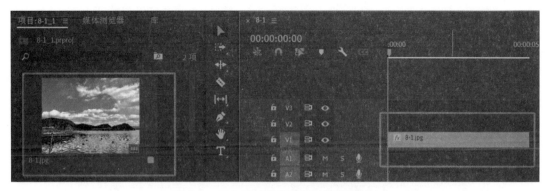

图 4-19　导入素材并拖放到时间轴面板上

步骤 2：选中 V1 轨道上的素材，按住 Alt 键向上拖曳至 V2 轨道上，将图片素材复制一份，如图 4-20 所示。

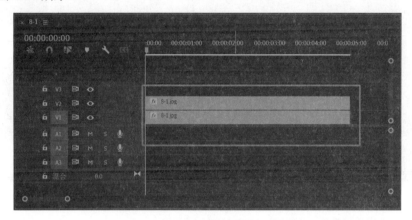

图 4-20　复制素材

步骤 3：关闭 V1 轨道上的"切换轨道输出"按钮，选中 V2 轨道上的图片素材，如图 4-21 所示。

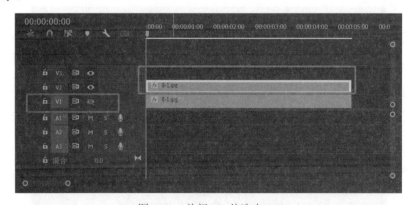

图 4-21　关闭 V1 并选中 V2

步骤 4：打开"效果控件"面板，单击"不透明度"选项下的"创建椭圆形蒙版"按钮，在"节目"监视器中画一个圆形选区，并将"蒙版羽化"参数调整为"0.0"，如图 4-22 所示。

图 4-22　蒙版绘制 1

步骤 5：按照步骤 4 的方式，在图片素材上再画出 4 个圆形蒙版，如图 4-23 所示。

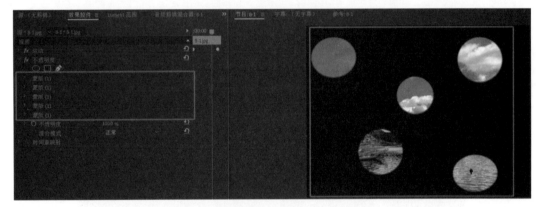

图 4-23　蒙版绘制 2

步骤 6：将时间指示器移动至素材开始位置，单击"运动"选项下的"缩放"和"旋转"前的 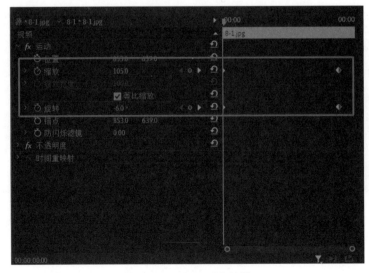 按钮，将"缩放"参数调整为"105.0"，"旋转"参数调整为"−6.0°"，如图 4-24 所示。然后将时间指示器移动至 4 s 10 帧的位置，单击"重置参数"按钮。

图 4-24　添加运动关键帧

步骤7：打开 V1 轨道上的"切换轨道输出"按钮，关闭 V2 轨道上的"切换轨道输出"按钮，选中 V1 轨道上的素材，如图 4-25 所示。

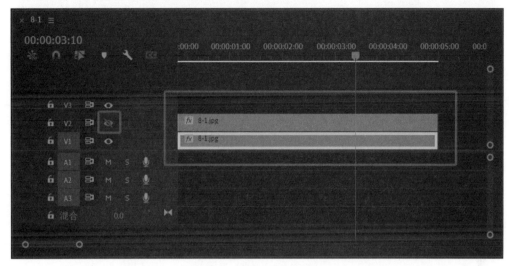

图 4-25 关闭 V2 选中 V1

步骤8：打开"效果控件"面板，将时间指示器移动至素材开始位置，单击"运动"选项下的"缩放"和"旋转"前的 按钮，将"缩放"参数调整为"120.0"，"旋转"参数调整为"6.0°"，然后将时间指示器移动至 4 s 10 帧的位置，单击"重置参数"按钮，按照图 4-26 所示的数据重置参数。

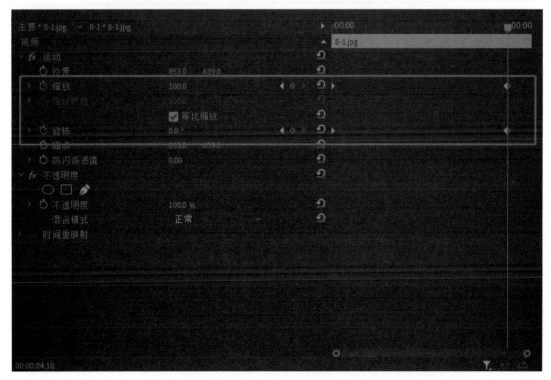

图 4-26 添加运动关键帧

步骤 9：打开 V2 轨道上的"切换轨道输出"按钮，如图 4-27 所示。

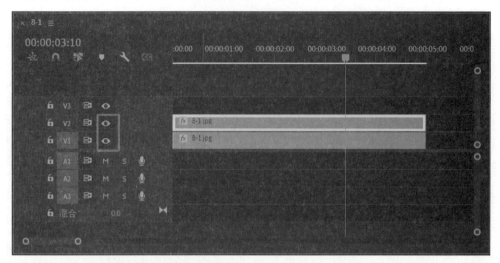

图 4-27　打开 V2

步骤 10：最终效果如图 4-28 所示。

图 4-28　效果展示

微案例 2　画面切换效果制作

1. 任务要求

(1) 掌握"变换"效果的使用；

(2) 掌握"效果控件"中"锚点"及部分参数的更改方法。

2. 实施步骤

步骤 1：将图片素材"8-2.1.jpg"和"8-2.2.jpg"导入素材箱，并将素材拖曳至时间轴面板上，如图 4-29 所示。

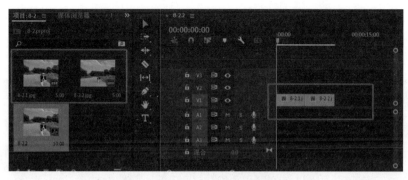

图 4-29　导入素材并拖放到时间轴

步骤 2：调整素材长度，并用"剃刀工具"将图片素材"8-2.1.jpg"的尾部截取一部分移动至 V2 轨道上，如图 4-30 所示。

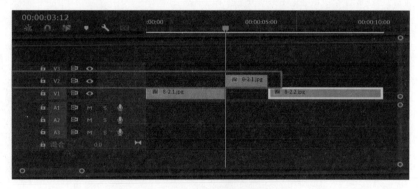

图 4-30　截取部分放到 V2

步骤 3：打开"效果"面板，添加"视频效果"→"扭曲"→"变换"效果至 V2 轨道上的素材，如图 4-31 所示。

图 4-31　添加变换效果

步骤4：将时间指示器移动至V2轨道上素材开始的位置，并选中V2轨道上的素材，打开"效果控件"面板，单击"变换"，在"节目"监视器会出现"+"的图标，如图4-32所示。

图4-32　选中变换效果

步骤5：制作画面从右向左折叠效果，需要将"锚点"中代表的X轴参数调整为"0.0"，如图4-33所示。

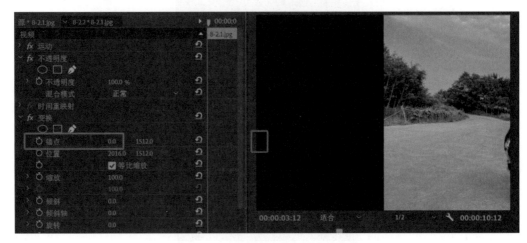

图4-33　调整变换效果中锚点的参数

步骤 6：由于"锚点"位置的移动导致画面位置也发生改变，将"变换"选项下的"位置"中代表 X 轴的参数调整为"0.0"，这样画面就回到了原始位置，如图 4-34 所示。

图 4-34　调整变换效果中位置的参数

步骤 7：制作折叠翻页效果。单击"缩放宽度"前的 ⏱ 按钮，将时间指示器移动至 V2 轨道素材的最后位置，将"缩放宽度"参数调整为"0.0"，取消勾选"变换"选项下的"使用合成的快门角度"，将"快门角度"参数调整为"360.00"，增加画面的动态模糊度，如图 4-35 所示。

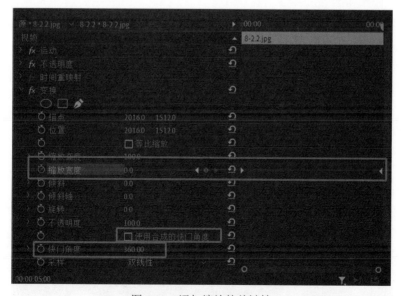

图 4-35　添加缩放的关键帧

步骤 8：制作图片素材"8-2.2.jpg"的折叠动画。先将图片素材"8-2.2.jpg"与 V2 轨道上的图片素材"8-2.1.jpg"对齐，然后给图片素材"8-2.2.jpg"添加"视频效果"→"扭曲"→"变换"效果，如图 4-36 所示。

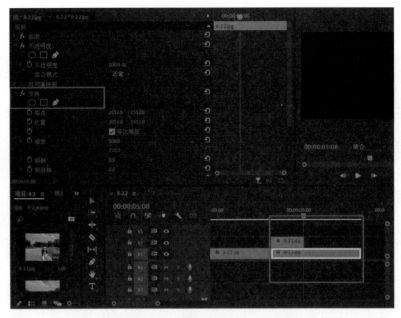

图 4-36　给素材添加变换效果

　　步骤 9：图片素材 "8-2.2.jpg" 需要以画面右侧为起始点向左折叠，先将"锚点"移动至画面最右侧，并将 V2 轨道的"切换轨道输出"按钮关闭，接着选中图片素材 "8-2.2.jpg"，打开"效果控件"面板，单击"变换"，在"节目"监视器出现"+"图标，最后将"锚点"中代表 X 轴的参数调整为"4025.0"，将"位置"中代表 X 轴的参数调整为"4025.0"，如图 4-37 所示。

图 4-37　调整锚点和位置的参数

步骤 10：制作折叠翻页效果。将时间指示器移动至图片素材"8-2.2.jpg"的开始位置，单击"缩放宽度"前的 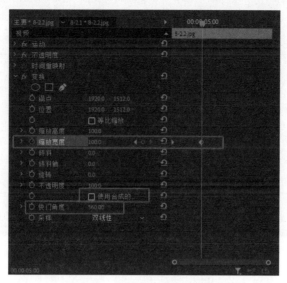 按钮，将"缩放宽度"参数调整为 0；将时间指示器移动至 V2 轨道素材的最后位置，将"缩放宽度"参数调整为"100.0"；取消勾选"变换"选项下的"使用合成的快门角度"，将"快门角度"参数调整为"360.00"，增加画面的动态模糊度，如图 4-38 所示。

图 4-38　调整缩放宽度参数

步骤 11：将 V2 轨道的"切换轨道输出"按钮打开，这时可以看到折叠转场的初步效果。下面继续调整关键帧的"缓入"和"缓出"，选中 V2 轨道上的素材，在"效果控件"面板上展开"缩放宽度"属性，选中"缩放宽度"的第一个关键帧，单击鼠标右键，选择"缓出"选项；选中"缩放宽度"的第二个关键帧，单击鼠标右键，选择"缓入"选项，如图 4-39 所示。

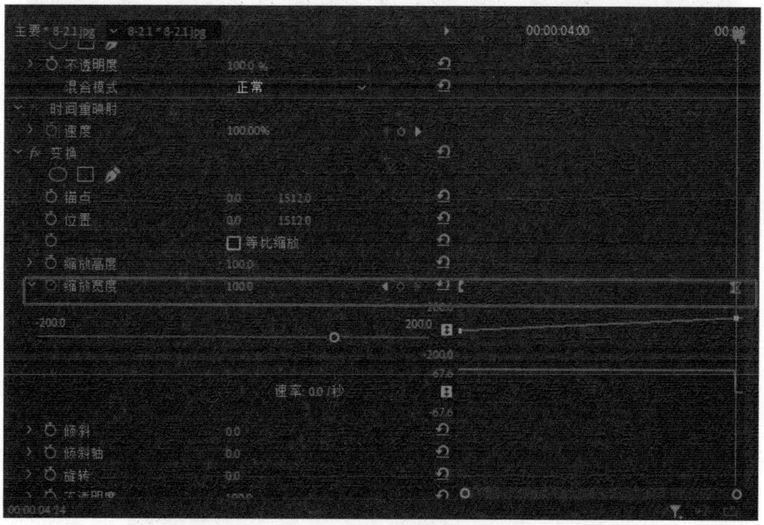

图 4-39　调整关键帧为缓入缓出

步骤 12：选中 V1 轨道上的素材，在"效果控件"面板上展开"缩放宽度"属性，选中"缩放宽度"的第一个关键帧,单击鼠标右键,选择"缓出"选项;选中"缩放宽度"的第二个关键帧,单击鼠标右键,选择"缓入"选项,如图 4-40 所示。

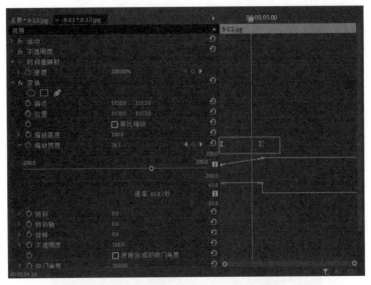

图 4-40　调整素材 8-2.2.jpg 的关键帧

步骤 13：把 V1 上的"8-2.2.jpg"拖动到 V3,并与 V2 的素材对齐,如图 4-41 所示。

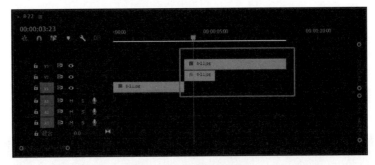

图 4-41　调整图层并对齐

步骤 14：最终效果如图 4-42 所示。

图 4-42　效果展示

五、总结评价

1. 小组汇报实施成果

小组汇报实施成果如表 4-5 所示。

表 4-5 实训操作结果汇报

案例名称		
自检基本情况		
自检组别	第　　　组	
本组成员	组长：　　　　　组员：	
检 查 情 况		
是否完成		
完成时间		
工作页填写情况 / 案例实施情况	优点 / 已完成部分 / 正确点： 缺点 / 未完成部分 / 错误点： 	
超时或未完成的主要原因		
检查人签字：		日期：

2. 小组互评

小组互评如表 4-6 所示。

表 4-6　实训过程性评价表（小组互评）

组别：_____　组员：_____　案例名称：_____

学习环节	被评组别/组员		第_____组 姓名_____	
	评 分 细 则		分值	得分
相关知识	相关知识填写完整、正确		10	
	演讲、评价、展示等社会能力		10	
实训过程	小组成员分工明确、合理，每人的职责均已完成		5	
	能够进行小组合作		5	
	能够掌握关键帧编辑的方法		10	
	能够掌握视频效果的编辑方法		10	
	能够完成利用关键帧改变视频效果		20	
	能够正确完成微案例 1 和 2		20	
质量检验	任务总结正确、完整、流畅		5	
	工作效率较高（在规定时间内完成任务）		5	
总分 (100 分)	总得分：	评分人签字：		

六、课后作业

选择 30 张自己喜欢的图片，将其制作成动态的视频且衔接自然。

项目五　视频调色效果制作

 项目目标

●●●● 知识目标

1. 了解色彩的基础知识

2. 了解调色的原理

3. 了解什么是颜色平衡

4. 了解什么是有色和无色

5. 了解风格化调色的含义

●●●● 能力目标

1. 掌握"颜色"工作区模式的基础调色设置

2. 掌握 RGB 和 CMYK 的区别

3. 能根据例子调出同色系的画面

4. 掌握颜色平衡效果的运用方法

5. 掌握高斯模糊的运用方法

6. 掌握去除画面颜色的方法

7. 掌握色阶、亮度曲线的运用方法

8. 掌握选区调整技术

9. 掌握白平衡与亮度的调整方法

10. 掌握添加噪点的方法

11. 掌握"保留颜色"效果的运用方法

●●●● 技能目标

1. 能根据要求制作出所需的调色效果

2. 能够通过调色来改变画面的冷暖

3. 能根据画面判断所需效果

4. 能利用"HSL 辅助"选取画面暗色调区域并进行调整

5. 能够使用"应用匹配"功能一键调色

任务1　Lumetri**颜色的应用**

一、任务引入

领导让小明给素材视频进行基本的颜色校正，他该如何完成任务呢？

二、相关知识

1. RGB 标准

RGB 是工业界的一种颜色标准，各种颜色都是通过对红 (Red)、绿 (Green)、蓝 (Blue) 3 个颜色通道的变化以及它们相互之间的叠加得到的。

RGB 代表红、绿、蓝 3 个通道的颜色，RGB 标准几乎包括了人类视力能感知的所有颜色，是运用最广的颜色系统之一。计算机屏幕上的所有颜色都是由这三种色光按照不同的比例混合而成的。一组红色、绿色、蓝色就是一个最小的显示单位。

2. CMYK 标准

CMYK 色彩空间是一种印刷的四色模式，利用色料的三原色混色原理，加上黑色油墨，共计 4 种颜色混合叠加，形成所谓的"全彩印刷"。4 种标准颜色中，C(Cyan) 即青色 (又称为天蓝色或湛蓝色)，M(Magenta) 即品红色 (又称为洋红色)，Y(Yellow) 即黄色，K(Black) 即黑色。

3. HSL 标准

HSL 是一种将 RGB 色彩模型中的点在圆柱坐标系中的表示法。HSL 辅助分别是色相 (Hue)、饱和度 (Saturation) 和亮度 (Lightness)。

色相 (H) 是色彩的基本属性，就是颜色名称，如红色、黄色等。色相是由原色、间色和复色构成的。色相是色彩的首要特征，是区别各种不同色彩的最准确的标准。饱和度 (S) 是色彩的鲜艳程度，也称色彩的纯度。饱和度取决于该色中含色成分和消色成分 (灰色) 的比例。含色成分越大，饱和度越大；消色成分越大，饱和度越小，取 0~100% 的数值。亮度 (L) 是颜色的明暗程度，主要是由光线强弱决定的一种视觉经验。色调相同的颜色，明暗可能不同。一般来说，光线越强，看上去越亮；光线越弱，看上去越暗。

4. 调色的重要性

前期素材拍摄完毕，在影视后期机房，制作师会根据导演意图和影片风格确定色调风格，对前期素材进行一级和二级校色，其目的是把素材这些"蔬菜"做成不同味道的"菜肴"，这完全取决于"厨师"对"菜肴"的制作手艺。如果说一道菜是由色、香、味组成的，那么影视后期的调色就是其中的视觉元素，而影片的节奏、蒙太奇剪辑手法等则是影片的味道。调色可以唤起观众的观赏情绪，甚至对一部影片的风格起到决定性的作用。

三、资源准备

1. 教学设备与工具

(1) 机房；

(2) 多媒体；

(3) 案例素材。

2. 安全要求及注意事项

注意用电安全。

3. 职位分工

职位分工如表 5-1 所示。

表 5-1　职位分工表

职　位	小组成员 (姓名)	工作分工	备　注
组长 A		任务分配，素材分发	组员间对完成的操作进行相互检查，最后交由组长进行审核
组员 B		画幅确定，素材整理	
组员 C		给素材进行合适的校色	
组员 D		完成视频并导出	

四、实践操作

微案例 1　Lumetri 颜色

Lumetri 颜色

1. 任务要求

(1) 掌握 Lumetri 颜色的运用方法；

(2) 掌握基本矫正的作用；

(3) 掌握曲线、色轮的运用。

2. 实施步骤

1) 基本矫正的运用方法

步骤 1：将调色素材导入并拖曳至时间轴面板，然后将工作区切换到"颜色"模式，打开"Lumetri 范围"面板，如图 5-1 所示。

步骤 2：白平衡选择器是自动白平衡的一种工具，在使用时只需要用"吸管"工具吸取画面中"中间色"部分，一般选择白色部分，软件就会自动校正画面的偏色问题。需要注意的是，如果拍摄中没有标准的色卡，那么校正过程中就会出现不同程度的偏差，如图 5-2 所示。

图 5-1　导入素材并拖放到时间轴

　　步骤 3：色温和色彩这两个参数的实际原理就是"互补色"概念，在整体画面存在偏色问题时可以利用"想要减少画面中的某种颜色"，即增加它的"互补色"来进行调整。还可以为了达到某种风格让画面偏向某一种颜色。例如，想要让画面显现偏冷色调，只需要将色温向"蓝色"方向调整即可，如图 5-3 所示。

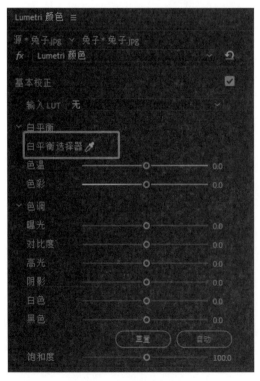

图 5-2　白平衡选择器

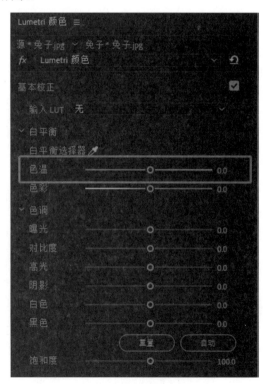

图 5-3　色温和色彩

步骤 4：从调光角度来讲，曝光是将画面中所有元素信息进行亮度的整体调整，即将亮度进行整体的升高或降低。例如，将"曝光"参数调整为"1.0"，整体画面亮度增加，从分量图来看，红、绿、蓝 3 个通道整体向高光区集中，如图 5-4 所示。

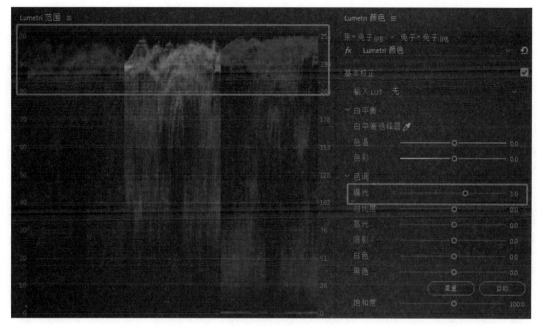

图 5-4　曝光

步骤 5：对比度一般指画面的层次感、细节与清晰度。对比度越大，画面层次感越强、画面细节越突出、画面越清晰。例如，将"对比度"调整为"70.0"，画面的清晰度增加，从分量图看，红、绿、蓝 3 个通道均向上下两端扩展，如图 5-5 所示。

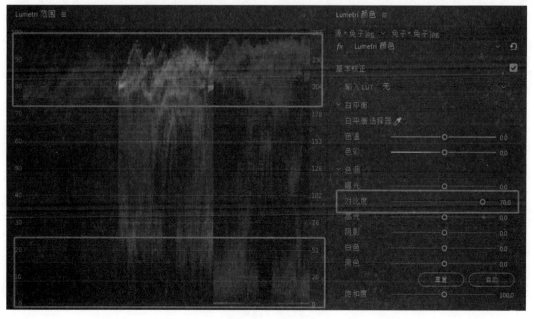

图 5-5　对比度

步骤 6：高光和白色用于调整画面中较亮部分的色彩信息。例如，将"高光"参数调整为"100.0"，画面的高光区域变亮，从分量图看，红、绿、蓝 3 个通道亮部向高光区集中，阴影区信息保留，如图 5-6 所示。

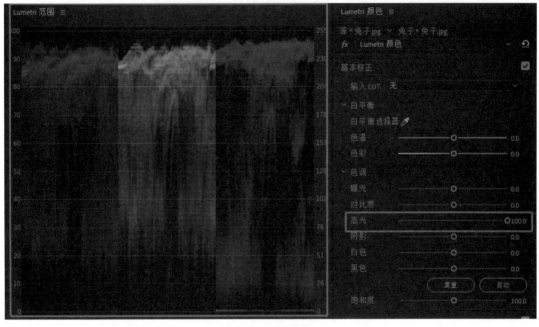

图 5-6　高光和白色

步骤 7：将"白色"参数调整为"100.0"，画面的高光区域变亮，从分量图看，红、绿、蓝 3 个通道亮部和暗部向高光区集中，如图 5-7 所示。

图 5-7　调整白色的参数

步骤 8：阴影和黑色用于调整画面中暗部的色彩信息。例如，将"阴影"参数调整为
"100.0"，画面的大部分区域变暗，从分量图看，红、绿、蓝 3 个通道的暗部和少量亮部
向阴影区集中，如图 5-8 所示。

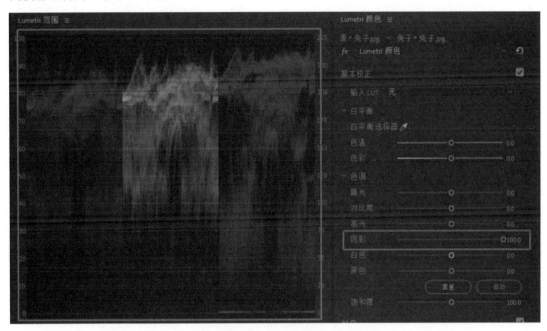

图 5-8　阴影和黑色

步骤 9：将"黑色"参数调整为"100.0"，画面的阴影区域变暗，从分量图看，红、绿、
蓝 3 个通道暗部向阴影区集中，如图 5-9 所示。

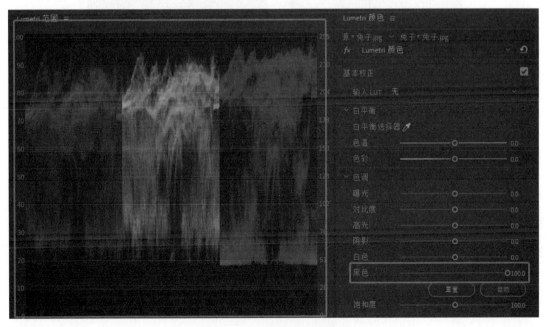

图 5-9　调整黑色的参数

2) 曲线的运用方法

步骤 1：RGB 曲线模式用于调整整体画面的色彩亮度，x 轴大致可以分为阴影、中间调、高光，y 轴代表的是色彩的亮度值，如图 5-10 所示。

步骤 2：若想要增加画面的对比度，就是使"亮部更亮，暗部更暗"。在白色线上单击，打 3 个标记点，将高光部分向上提，将阴影部分向下拉，如图 5-11 所示。

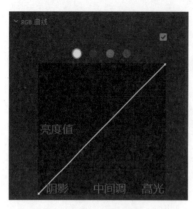
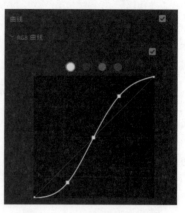

图 5-10　认识 RGB 曲线　　　　　图 5-11　选择白线制作曲线

步骤 3：红色模式用于调整画面的红色通道的亮度，x 轴大致可以分为阴影、中间调、高光，y 轴代表的是红色的亮度值，绿色模式和蓝色模式同理，如图 5-12 所示。

步骤 4：若想要增加画面中高光部分的红色信息，就在阴影部分和中间调部分内打 4 个标记点 (不受高光区影响)，然后将高光部分的曲线向上提，如图 5-13 所示。

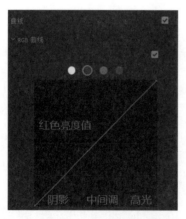

图 5-12　选择红色线　　　　　图 5-13　选择红线制作曲线

3) 色轮和匹配的运用方法

步骤 1："色轮和匹配"选项中包含"阴影""中间调""高光"3 种不同参数的色轮，色轮包含"色环"和"滑块"两部分，"色环"控制画面中的色相，"滑块"控制画面中的明暗，如图 5-14 所示。

步骤 2：在分量图中将画面的高光、阴影部分分别调至刻度 90 和刻度 10 附近，增加画面的对比度，然后将画面的高光部分色调调整为偏暖，将阴影部分色调调整为偏冷，增加人物与背景的冷暖色调对比，如图 5-15 所示。

图 5-14　色轮和匹配　　　　图 5-15　调整参数

4) HSL 辅助的运用方法

步骤 1：在应用 HSL 辅助功能时要与 H、S、L 理论知识结合，设计这 3 种色彩的基本属性、建立颜色选区，以便单独调整画面中某一部分的色彩而不影响画面中的其他色彩信息，如图 5-16 所示。

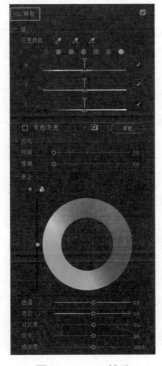

图 5-16　HSL 辅助

步骤 2：在画面中可以看出，"花花"与背景之间最大的属性差别是色相，利用"吸管工具"吸取"花花"部分的颜色，勾选"彩色 / 灰色"选项可查看选取情况，再通过"增加选区"和"减少选区"按钮添加或减少不需要的选区，就可以单独选出"蓝花"区域，如图 5-17 所示。

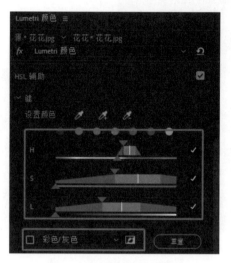

图 5-17　吸取颜色确定选取

步骤 3：选区确定好之后，结合实际情况进行色彩参数调整，如图 5-18 所示。

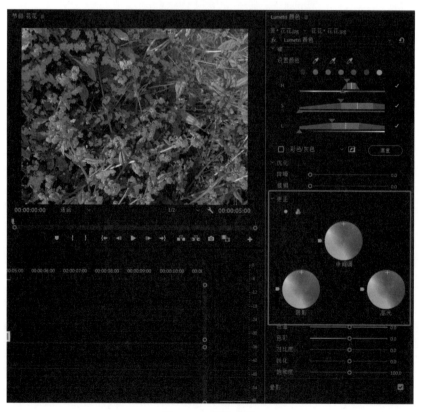

图 5-18　调整参数

五、总结评价

1. 小组汇报实施成果

小组汇报实施成果如表 5-2 所示。

表 5-2　实训操作结果汇报

案例名称			
自检基本情况			
自检组别	第　　　　组		
本组成员	组长：　　　　组员：		
检 查 情 况			
是否完成			
完成时间			
工作页填写情况 / 案例实施情况	优点 / 已完成部分 / 正确点： 缺点 / 未完成部分 / 错误点：		
超时或未完成的 主要原因			
检查人签字：		日期：	

2. 小组互评

小组互评如表 5-3 所示。

表 5-3　实训过程性评价表（小组互评表）

组别：_____　组员：_____　案例名称：_____

学习环节	被评组别 / 组员	第_____组 姓名_____	
	评 分 细 则	分值	得分
相关知识	相关知识填写完整、正确	10	
	演讲、评价、展示等社会能力	10	
实训过程	小组成员分工明确、合理，每人的职责均已完成	5	
	能够进行小组合作	5	
	能够掌握色彩的基础知识	10	
	能够区分 RGB 和 CMYK	10	
	能够掌握 Lumetri 颜色的运用方法	20	
	能够正确完成微案例 1	20	
质量检验	任务总结正确、完整、流畅	5	
	工作效率较高（在规定时间内完成任务）	5	
总分 (100 分)	总得分：	评分人签字：	

六、课后作业

根据老师提供的素材为其调整色调。

任务2　风格化效果的制作

一、任务引入

领导让小明给不同的视频素材制作不同的风格化调色效果，他该如何完成任务呢？

二、相关知识

1. 白平衡

白平衡，字面上的理解是白色的平衡。白平衡是描述显示器中红、绿、蓝三基色混合生成后白色精确度的一项指标。白平衡是电视摄像领域一个非常重要的概念，通过它可以解决色彩还原和色调处理的一系列问题。白平衡是随着电子影像再现真实色彩而产生的，在专业摄像领域白平衡应用得较早，后来在家用电子产品（家用摄像机、数码照相机）中也被广泛地使用。技术的发展使得白平衡调整变得越来越简单容易，但许多使用者还不甚了解白平衡的工作原理，理解上存在诸多误区。它能让摄像机图像精确反映被摄物的色彩状况，有手动白平衡和自动白平衡等方式。许多人在使用数码摄像机拍摄的时候都会遇到这样的问题：在日光灯的房间里拍摄的影像显得偏绿，在室内钨丝灯光下拍摄出来的景物偏黄，而在日光阴影处拍摄到的照片则莫名其妙地偏蓝，其原因就在于白平衡的设置。

2. 饱和度

饱和度是指色彩的鲜艳程度，也称色彩的纯度。饱和度取决于该色中含色成分和消色成分（灰色）的比例。含色成分越大，饱和度越大；消色成分越大，饱和度越小。饱和度可定义为彩度除以明度。

3. 对比度

对比度是一幅图像中明暗区域最亮的白和最暗的黑之间的不同亮度层级的测量，差异范围越大，代表对比越大，差异范围越小，代表对比越小，好的对比率如120∶1就可容易地显示生动、丰富的色彩，当对比率高达300∶1时，便可支持各阶的颜色。

三、资源准备

1. 教学设备与工具

(1) 机房；

(2) 多媒体；

(3) 案例素材。

2. 安全要求及注意事项

注意用电安全。

3. 职位分工

职位分工如表5-4所示。

表5-4 职位分工表

职 位	小组成员（姓名）	工作分工	备 注
组长A		任务分配，素材分发	组员间对完成的操作进行相互检查，最后交由组长进行审核
组员B		确定调色风格，素材整理	
组员C		制作相应的调色效果	
组员D		完成视频并导出	

四、实践操作

微案例1 小清新和老电影风格调色

1. 任务要求

(1) 掌握选区调整技术；

小清新和老电影
风格调色

(2) 掌握白平衡与亮度的调整方法；

(3) 掌握添加噪点和添加"书写"效果的方法。

2. 实施步骤

1) 小清新调色的方法

步骤 1：将"小清新 .jpg"素材导入素材箱，并拖曳至时间轴面板上，如图 5-19 所示。

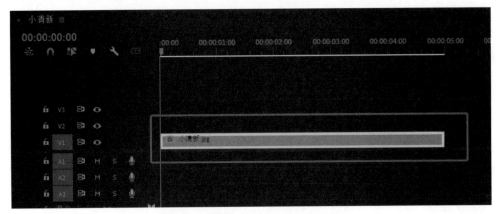

图 5-19　导入素材并拖放到时间轴

　　步骤 2：调整画面的白平衡和亮度，将"色温"参数调整为"-10.0"，"对比度"参数调整为"30.0"，"高光"参数调整为"20.0"，"阴影"参数调整为"40.0"，"饱和度"参数调整为"90.0"，如图 5-20 所示。

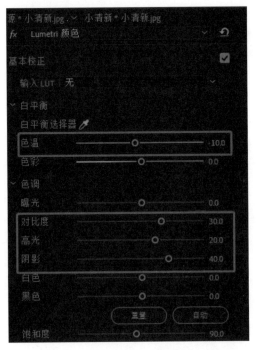

图 5-20　调整白平衡和亮度的参数

　　步骤 3：勾选"HSL 辅助"选项，使用"吸管"工具吸取背景、前景部分的颜色，勾选"彩色／灰色"选项，进行背景色调选取，如图 5-21 所示。

步骤 4：分别调整"H""S""L"的滑块，精确选取范围，如图 5-22 所示。

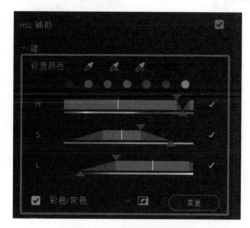 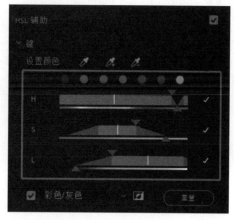

图 5-21　背景色调选取　　　　　　　　　　　图 5-22　精确选取范围

步骤 5：增加选区的柔和感，将"模糊"参数调整为"10.0"，然后将色轮向青色方向调整，最后取消勾选"彩色／灰色"选项，如图 5-23 所示。

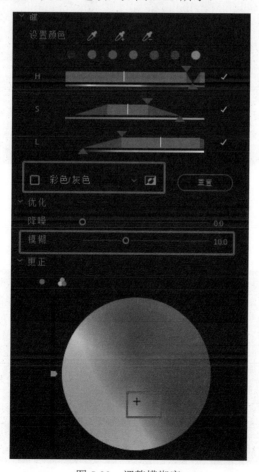

图 5-23　调整模糊度

步骤6：最终效果对比如图5-24所示。

图5-24　效果对比

2) 老电影风格调色的方法

步骤1：将"老电影.jpg"素材导入素材箱，并拖曳至时间轴面板上，如图5-25所示。

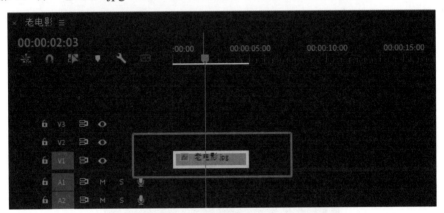

图5-25　导入素材并拖放到时间轴

步骤2：在"效果"面板上搜索"杂色"效果，在添加的素材视频上，打开"效果控件"面板，将"杂色数量"参数调整为"25.0%"，取消勾选"使用颜色杂色"，如图5-26所示。

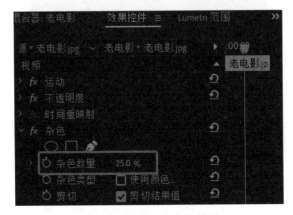

图5-26　添加"杂色"效果

步骤 3：将工作区切换到"Lumetri 颜色"模式，在"创意"选项下，将"淡化胶片"参数调整为"80.0"，"自然饱和度"参数调整为"-60.0"，"饱和度"参数调整为"80.0"，如图 5-27 所示。

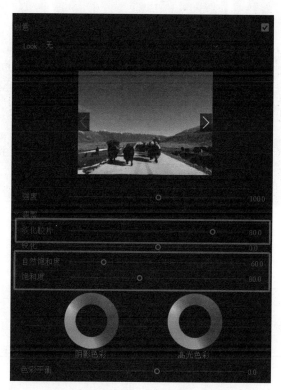

图 5-27　调整参数

步骤 4：增加暗角，在"晕影"选项下，将"数量"参数调整为"-0.3"，"圆度"参数调整为"45.0"，"羽化"参数调整为"25.0"，如图 5-28 所示。

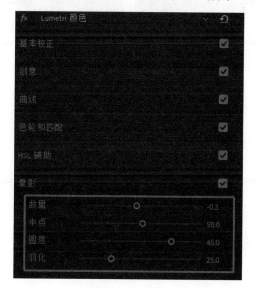

图 5-28　添加晕影

步骤5：增加色彩倾向，在"曲线"的"RGB曲线"中，分别在"红色通道"调高红色，"绿色通道"调高绿色，"蓝色通道"降低蓝色，如图5-29所示。

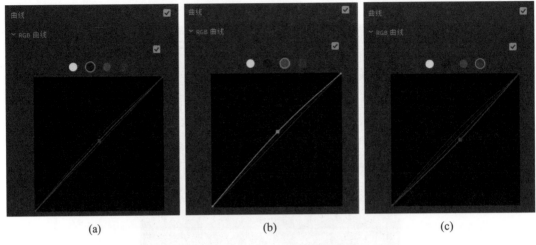

(a)　　　　　　　(b)　　　　　　　(c)

图 5-29　调整 RGB 曲线

步骤6：最终效果对比如图5-30所示。

图 5-30　效果对比

微案例2　保留颜色和颜色匹配

1. 任务要求

(1) 掌握"保留颜色"效果的使用；

(2) 掌握"颜色匹配"效果的使用方法。

2. 实施步骤

1) 保留颜色效果的使用方法

步骤1：将"去色保留.jpg"素材导入素材箱，并拖曳至时间轴面板上，如图5-31所示。

图 5-31 导入素材并拖放到时间轴

步骤 2：打开"效果"面板，添加"视频效果"→"颜色校正"→"保留颜色"效果至素材上，如图 5-32 所示。

图 5-32 添加保留颜色效果

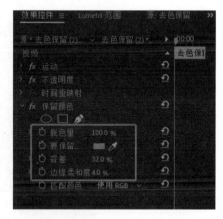

图 5-33 吸取颜色并调整参数

步骤 3：选中素材，打开"效果控件"面板，选中"吸管"工具，吸取画面中的花朵部分，将"脱色量"参数调整为"100.0%"，"容差"参数调整为"32.0%"，"边缘柔和度"参数调整为"4.0%"，如图 5-33 所示。

步骤 4：最终效果对比如图 5-34 所示。

图 5-34 效果对比

2) 颜色匹配效果的使用方法

步骤 1：将"秋天 .jpg"和"匹配颜色 2.jpg"素材导入素材箱，并拖曳至时间轴面板上，如图 5-35 所示。

图 5-35　导入素材并拖放到时间轴

步骤 2：选中时间轴面板上的"匹配颜色 2.jpg"，在"效果控件"面板中调整"运动"里的"缩放"参数为"42.0"，如图 5-36 所示。

图 5-36　调整缩放参数

步骤 3：将时间指示器移动到时间轴面板的素材上，单击"Lumetri 颜色"中"色轮和匹配"下的"比较视图"按钮，如图 5-37 所示。

图 5-37　打开比较视图

步骤4："节目"监视器会分为"参考"和"当前"两部分，在"参考"画面中选定一帧参考色调，单击"应用匹配"按钮，"当前"画面就会自动匹配"参考"画面中的色彩，如图5-38所示。

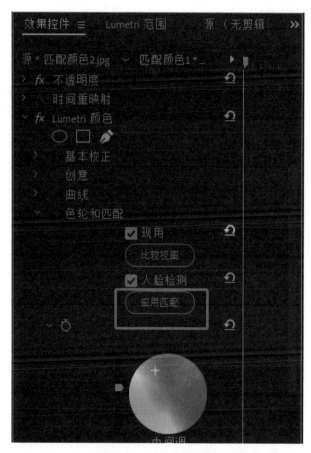

图5-38　选择应用匹配

步骤5：最终效果对比如图5-39所示。

图5-39　对比效果

五、总结评价

1. 小组汇报实施成果

小组汇报实施成果如表 5-5 所示。

表 5-5　实训操作结果汇报

案例名称	
自检基本情况	
自检组别	第　　　组
本组成员	组长：　　　　组员：
检 查 情 况	
是否完成	
完成时间	
工作页填写情况 / 案例实施情况	优点 / 已完成部分 / 正确点： 缺点 / 未完成部分 / 错误点：
超时或未完成的 主要原因	
检查人签字：	日期：

2. 小组互评

小组互评如表 5-6 所示。

表 5-6　实训过程性评价表（小组互评）

组别：_____　组员：_____　案例名称：_____

学习环节	被评组别 / 组员		第_____组 姓名_____
	评　分　细　则	分值	得分
相关知识	相关知识填写完整、正确	10	
	演讲、评价、展示等社会能力	10	
实训过程	小组成员分工明确、合理，每人的职责均已完成	5	
	能够进行小组合作	5	
	能够掌握选区调整技术	10	
	能够掌握白平衡与亮度的调整的方法	10	
	能够掌握添加噪点和保留颜色的方法	20	
	能够正确完成微案例 1 和 2	20	
质量检验	任务总结正确、完整、流畅	5	
	工作效率较高 (在规定时间内完成任务)	5	
总分 (100 分)	总得分：	评分人签字：	

六、课后作业

根据老师提供的素材调色。

任务3　高级影视风格调色

一、任务引入

领导让小明给素材视频制作胶片效果和水墨画效果，他该如何完成任务呢？

二、相关知识

1. 颜色平衡

颜色平衡是基于 RGB 模式，通过更改素材中的红、绿、蓝 3 个通道来更改色相 (色相指颜色的种类，如红色、蓝色等)、校正色偏等。在使用时，更改三原色后面的数值，即可调整色彩。数值增大即增加该颜色在画面中的成分，反之为减少。

2. 高斯模糊

高斯模糊 (Gaussian Blur) 也叫高斯平滑，是在 Adobe Photoshop、GIMP 以及 Paint. NET 等图像处理软件中广泛使用的处理效果，通常用它来减少图像噪声以及降低细节层次。通过这种模糊技术生成的图像，其视觉效果就像是经过一个毛玻璃在观察图像，与镜头焦外成像效果散景以及普通照明阴影中的效果都明显不同。高斯平滑也用于计算机视觉算法中的预先处理阶段，以增强图像在不同比例大小下的图像效果。

三、资源准备

1. 教学设备与工具

(1) 机房；

(2) 多媒体；

(3) 案例素材。

2. 安全要求及注意事项

注意用电安全。

3. 职位分工

职位分工表如表 5-7 所示。

表 5-7　职 位 分 工 表

职　位	小组成员 (姓名)	工作分工	备　注
组长 A		任务分配，素材分发	组员间对完成的操作进行相互检查，最后交由组长进行审核
组员 B		风格确定，素材整理	
组员 C		制作相应的画面效果	
组员 D		完成视频并导出	

四、实践操作

微 案 例 1　胶 片 效 果

1. 任务要求

(1) 掌握"颜色校正"中"颜色平衡"的运用方法；

(2) 掌握高斯模糊的运用方法。

胶片效果

2. 实施步骤

步骤 1：将图片素材"胶片 .jpg"导入素材箱，并拖曳至时间轴面板上，如图 5-40 所示。

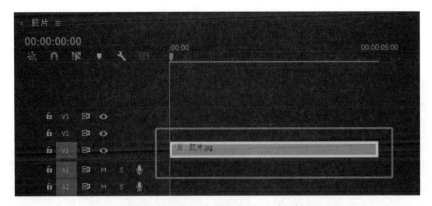

图 5-40 导入素材并拖放到时间轴

步骤 2：选中 V1 轨道上的素材，添加"视频效果"→"颜色校正"→"颜色平衡 (HLS)"效果，如图 5-41 所示。

步骤 3：选中 V1 轨道上的图片素材，在"颜色平衡"中设置"色相"参数为"5.0°"，"亮度"参数为"30.0"，"饱和度"参数为"15.0"，如图 5-42 所示。

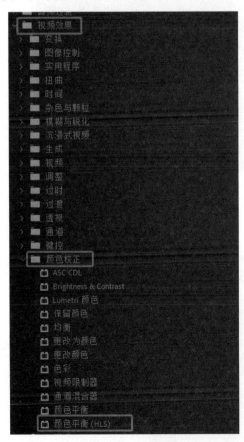

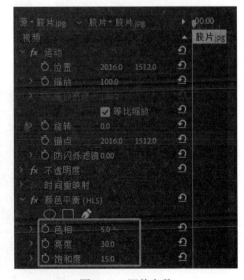

图 5-41 添加效果　　　　　　　　　　　图 5-42 调整参数

步骤 4：选中 V1 轨道上的素材，添加"视频效果"→"颜色校正"→"颜色平衡"效果，如图 5-43 所示。

步骤 5：选中 V1 轨道上的图片素材，在"效果控件"中设置"阴影红色平衡"参数为"-80.0"，"阴影绿色平衡"参数为"-25.0"，"阴影蓝色平衡"参数为"-10.0"，"高光红色平衡"参数为"10.0"，"高光绿色平衡"参数为"10.0"，如图 5-44 所示。

图 5-43　添加效果

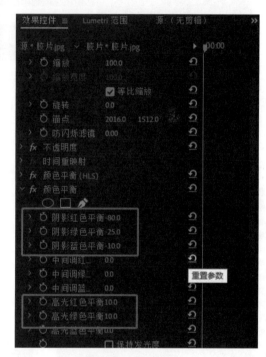

图 5-44　调整参数

步骤 6：选中 V1 轨道上的素材，添加"视频效果"→"模糊与锐化"→"高斯模糊"效果，如图 5-45 所示。

图 5-45　添加高斯模糊效果

步骤 7：打开"效果控件"面板，单击"高斯模糊"选项下的"创建椭圆形蒙版"按钮，并调整蒙版的位置和大小，调整"蒙版羽化"参数为"177.0"，勾选"已反转"复选框，如图 5-46 所示。

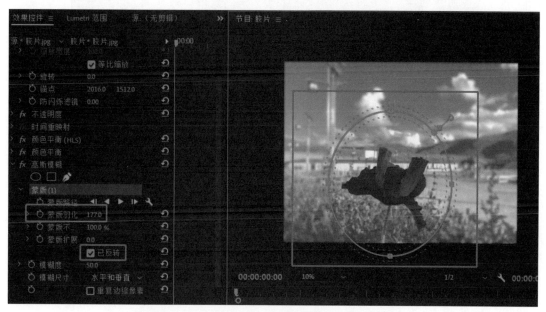

图 5-46　添加蒙版

步骤 8：打开"效果控件"面板，设置"高斯模糊"选项的"模糊度"参数为"50.0"，如图 5-47 所示。

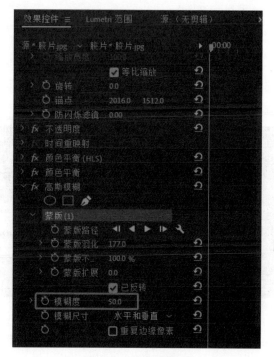

图 5-47　调整模糊度

步骤9：最终效果如图5-48所示。

图 5-48　效果展示

微案例2　水墨画效果

1. 任务要求

(1) 掌握把画面变成"无色"的方法；

(2) 掌握"色阶"的运用方法。

2. 实施步骤

步骤1：将图片素材"水墨画效果制作素材 .mp4"导入素材箱，并将素材拖曳至时间轴面板上，如图5-49所示。

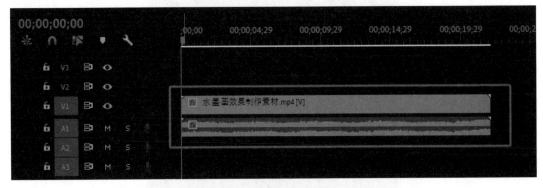

图 5-49　导入素材并拖放到时间轴

步骤2：选中 V1 轨道上的素材，添加"视频效果"→"图像控制"→"黑白"效果，如图5-50所示。

图 5-50　添加黑白效果

步骤 3：此时画面效果如图 5-51 所示。

图 5-51　画面效果

步骤 4：选中 V1 轨道上的素材，添加"视频效果"→"过时"→"亮度曲线"效果，如图 5-52 所示。

图 5-52　添加亮度曲线效果

步骤 5：打开"效果控件"面板，在"亮度曲线"选项中绘制曲线，如图 5-53 所示。

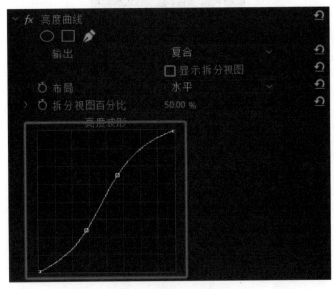

图 5-53   绘制亮度曲线

步骤 6：选中 V1 轨道上的素材，添加"视频效果"→"模糊与锐化"→"高斯模糊"，并设置"模糊度"参数为"5.0"，如图 5-54 所示。

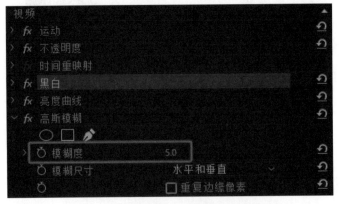

图 5-54   添加模糊与锐化效果并调整参数

步骤 7：选中 V1 轨道上的素材，添加"视频效果"→"调整"→"色阶"效果，如图 5-55 所示。

图 5-55   添加色阶效果

步骤 8：打开"效果控件"面板，设置"色阶"选项的"(RGB) 输入白色阶"的参数为"225"，"(RGB) 输出白色阶"参数为"240"，如图 5-56 所示。

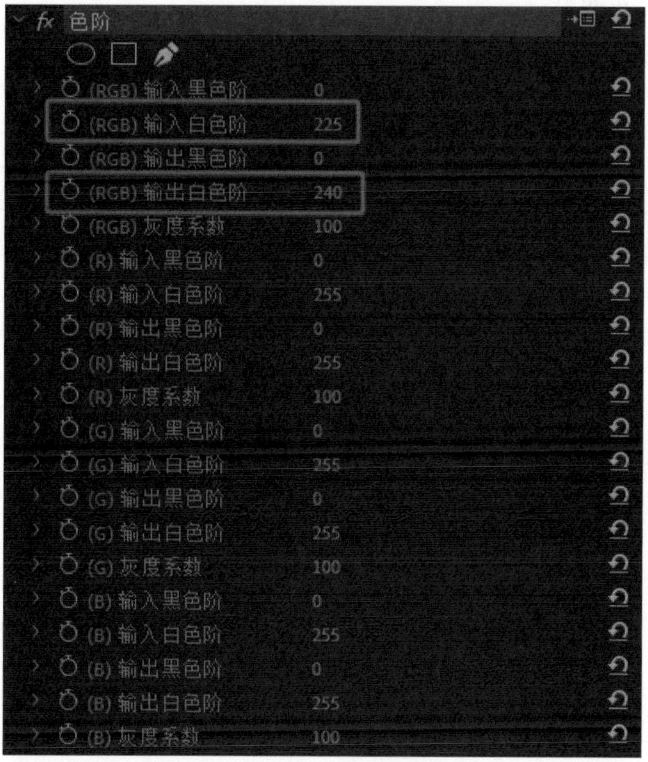

图 5-56　调整色阶参数

步骤 9：最终效果如图 5-57 所示。

图 5-57　效果展示

五、总结评价

1. 小组汇报实施成果

小组汇报实施成果如表 5-8 所示。

表 5-8　实训操作结果汇报

案例名称		
自检基本情况		
自检组别	第　　　组	
本组成员	组长：　　　　　组员：	
检 查 情 况		
是否完成		
完成时间		
工作页填写情况 / 案例实施情况	优点 / 已完成部分 / 正确点： 缺点 / 未完成部分 / 错误点：	
超时或未完成的主要原因		
检查人签字：	日期：	

2. 小组互评

小组互评如表 5-9 所示。

表 5-9 实训过程性评价表（小组互评）

组别：_____ 组员：_____ 案例名称：_____

学习环节	被评组别 / 组员	第_____组 姓名_____	
	评 分 细 则	分值	得分
相关知识	相关知识填写完整、正确	10	
	演讲、评价、展示等社会能力	10	
实训过程	小组成员分工明确、合理，每人的职责均已完成	5	
	能够进行小组合作	5	
	能够掌握去色的制作方法	10	
	能够掌握高斯模糊效果的编辑方法	10	
	能够根据要求改变画面颜色	20	
	能够正确完成微案例 1 和 2	20	
质量检验	任务总结正确、完整、流畅	5	
	工作效率较高（在规定时间内完成任务）	5	
总分 (100 分)	总得分：	评分人签字：	

六、课后作业

给老师提供的素材做特殊效果调色。

项目六　音频效果设计

项目目标

●●●●知识目标

1. 了解什么是音频
2. 了解效果空间中默认的音频效果
3. 了解什么是蒙版
4. 了解为什么拍摄抠像素材要用绿幕

●●●●能力目标

1. 掌握手动添加关键帧的方法
2. 掌握自动添加关键帧的方法
3. 能根据视频所需调节音频速度
4. 能够调整音频增益
5. 掌握蒙版的绘制和运用方法
6. 掌握图层之间的遮挡关系
7. 掌握绿幕抠像的方法
8. 能够通过关键帧来改变蒙版

●●●●技能目标

1. 能根据视频添加音频过渡和音频效果
2. 能够掌握音频降噪的方法
3. 能根据要求制作出所需的视频效果
4. 能掌握抠像的不同方法

任务1　音频的常规处理

一、任务引入

领导让小明把昨天现场活动的音频处理好并进行发布,打开音频却发现音频噪音很多,他该如何完成任务呢?

二、相关知识

1. 音频

音频一词用作一般性描述音频范围内和声音有关的设备及其作用:

(1) 人耳可以听到的声音频率为 20 Hz～20 kHz 的声波,称为音频;

(2) 存储声音内容的文件,称为音频;

(3) 在某些方面,作为滤波的振动,称为音频。

2. 音频增益

在对音频设置增益时,音量提升了,音频输出的电流、功率也随之提升。假如音频具有很大的噪音,噪音也会随着增益的升高而变大,尤其是有交流声噪音的音频,因此音频增益不只是简单地放大音量。增益的单位是分贝 (dB)。

三、资源准备

1. 教学设备与工具

(1) 机房;

(2) 多媒体;

(3) 案例素材。

2. 安全要求及注意事项

注意用电安全。

3. 职位分工

职位分工如表 6-1 所示。

表 6-1 职 位 分 工 表

职 位	小组成员 (姓名)	工作分工	备 注
组长 A		任务分配,素材分发	组员间对完成的操作进行相互检查,最后交由组长进行审核
组员 B		分析音频素材	
组员 C		完成音频的降噪处理	
组员 D		完成视频并导出	

四、实践操作

微案例1 音 频 降 噪

1. 任务要求

(1) 掌握添加音频降噪的方法;

(2) 能够调整降噪细节。

2. 实施步骤

步骤 1：将"降噪 .mp3"音频文件导入项目面板，并拖拽至时间轴面板上，如图 6-1 所示。

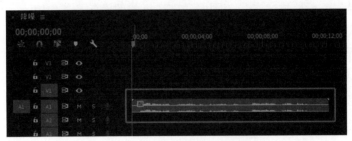

图 6-1   导入素材并拖放到时间轴

步骤 2：选中时间轴面板的音频文件，在"效果"面板搜索"降噪"效果，并添加至音频素材上，如图 6-2 所示。

图 6-2   添加降噪效果

步骤 3：打开"效果控件"面板，在"降噪"选项下，单击"自定义设置"的"编辑"按钮，打开"自定义设置"面板，如图 6-3 所示。

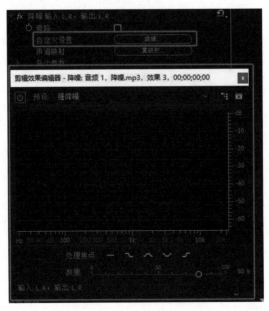

图 6-3   打开自定义设置面板

步骤 4：将"预设"选择为"强降噪"，将"处理焦点"选择为"着重于全部频率"，将"数量"调整为"80%"，如图 6-4 所示。

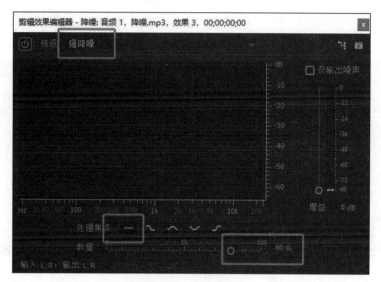

图 6-4　调整参数

步骤 5：最终效果如图 6-5 所示。

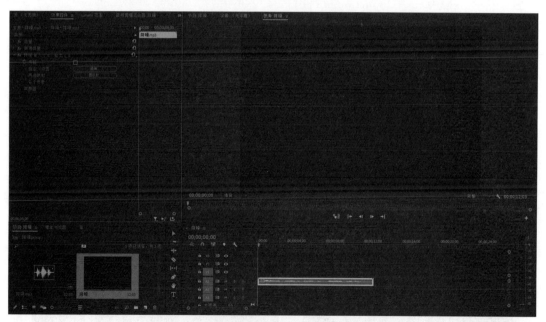

图 6-5　最终效果

微案例 2　通话效果和外放效果制作

1. 任务要求

(1) 掌握"基本声音"面板的使用；

(2) 掌握为音频添加"高通"效果的方法。

通话效果和
外放效果制作

2. 实施步骤

1）通话效果的制作方法

步骤 1：将"通话效果 .mp3"音频文件导入项目面板，并拖曳至时间轴面板上，如图 6-6 所示。

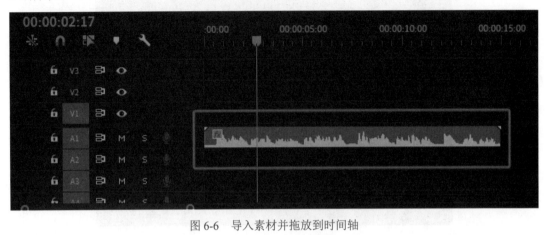

图 6-6　导入素材并拖放到时间轴

　　步骤 2：选中时间轴面板的音频文件，切换为"音频"工作区，打开"基本声音"面板，单击"对话"按钮，如图 6-7 所示。勾选"EQ"选项，将"预设"改为"电话中"，将"数量"参数调整为"10.0"，如图 6-8 所示。

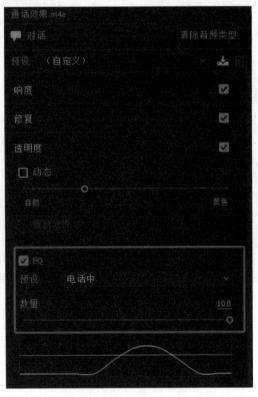

图 6-7　打开基本声音面板　　　　　　　　图 6-8　调整参数

步骤 3：最终效果如图 6-9 所示。

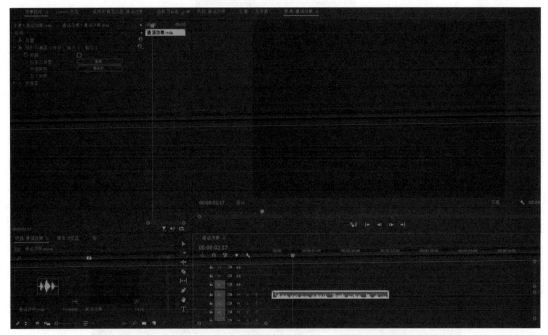

图 6-9　效果展示

2) 外放效果的制作方法

步骤 1：将"外放效果 .mp3"音频文件导入项目面板，并拖曳至时间轴面板上，如图 6-10 所示。

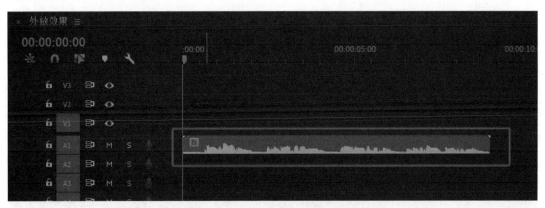

图 6-10　导入素材并拖放到时间轴

步骤 2：选中时间轴面板的音频文件，在"效果"面板，搜索"高通"效果，并添加到音频素材，如图 6-11 所示。

图 6-11　添加"高通"效果

　　步骤 3：打开"效果控件"面板，调整"高通"选项下的"屏蔽度"参数为"1850.0 Hz"，如图 6-12 所示。

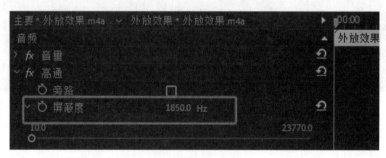

图 6-12　调整参数

　　步骤 4：最终效果如图 6-13 所示。

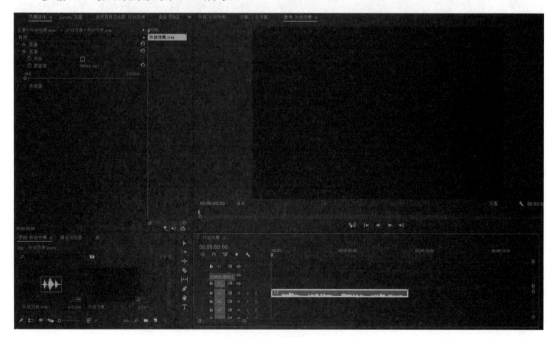

图 6-13　效果展示

五、总结评价

1. 小组汇报实施成果

小组汇报实施成果如表 6-2 所示。

表 6-2　实训操作结果汇报

案例名称	
自检基本情况	
自检组别	第　　　组
本组成员	组长：　　　组员：
检查情况	
是否完成	
完成时间	
工作页填写情况 / 案例实施情况	优点 / 已完成部分 / 正确点： 缺点 / 未完成部分 / 错误点：
超时或未完成的主要原因	
检查人签字：	日期：

2. 小组互评

小组互评如表 6-3 所示。

表 6-3　实训过程性评价表 (小组互评)

组别：_____　　组员：_____　　案例名称：_____

学习环节	被评组别 / 组员	第_____组 姓名_____	
	评 分 细 则	分值	得分
相关知识	相关知识填写完整、正确	10	
	演讲、评价、展示等社会能力	10	
实训过程	小组成员分工明确、合理，每人的职责均已完成	5	
	能够进行小组合作	5	
	能够掌握效果空间中默认的音频效果	10	
	能够根据视频所需调节音频速度	10	
	能够根据视频添加音频过渡和音频效果	20	
	能够正确完成微案例 1 和 2	20	
质量检验	任务总结正确、完整、流畅	5	
	工作效率较高 (在规定时间内完成任务)	5	
总分 (100 分)	总得分：	评分人签字：	

六、课后作业

自己录音并完成降噪效果。

任务2　两种抠像方式的运用

一、任务引入

领导让小明把两段视频重合在一起制作一个新的视频并且保证主体物和背景能无缝衔接，他该如何完成任务呢？

二、相关知识

拍摄抠像素材为什么要用绿幕呢？用绿色做幕布色是很有道理的，因为一般情况下拍摄主体都是人物，人的衣服、头发、肤色中，最少见的颜色就是绿色，因此绿色幕布的应用最广泛，大家渐渐就把特技背景叫作绿幕了。在一些特殊场景中，比如野外，如果有各种绿色植物就会用到蓝幕。此外，因为很多欧洲人的瞳孔颜色和我们亚洲人不一样，所以会用绿幕和蓝幕区分，同时有的场景还需要蓝绿幕一起使用，以便于后期抠像。

三、资源准备

1. 教学设备与工具

(1) 机房；

(2) 多媒体；

(3) 案例素材。

2. 安全要求及注意事项

注意用电安全。

3. 职位分工

职位分工表如表 6-4 所示。

表 6-4 职位分工表

职 位	小组成员 (姓名)	工作分工	备 注
组长 A		任务分配，素材分发	组员间对完成的操作进行相互检查，最后交由组长进行审核
组员 B		画幅确定，素材整理	
组员 C		制作相应的抠像效果	
组员 D		完成视频并导出	

四、实践操作

微案例1 窗外景色变换效果

窗外景色
变换效果

1. 任务要求

(1) 掌握蒙版绘制的方法；

(2) 掌握图层之间的遮挡关系；

(3) 掌握通过关键帧完成蒙版动画的方法。

2. 实施步骤

步骤 1：将视频素材"窗外 1.mp4"和"窗外 2.mp4"导入素材箱，并拖曳至时间轴面板上，如图 6-14 所示。

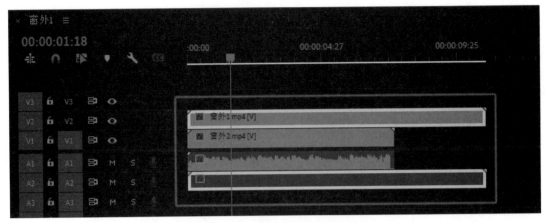

图 6-14　导入素材并拖放到时间轴

步骤 2： 选中两个视频素材，单击右键选择"取消链接"，如图 6-15 所示。

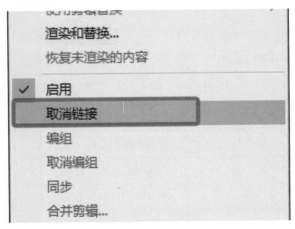

图 6-15　取消链接

步骤 3： 选中 A1 和 A2 轨道上的音频素材并删除，如图 6-16 所示。

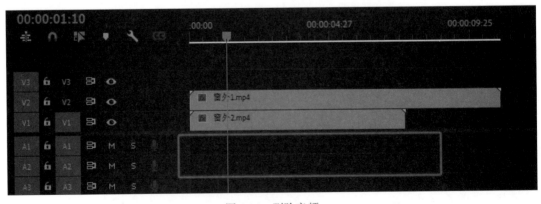

图 6-16　删除音频

步骤 4： 选中并将时间指示器移动到 V2 轨道素材窗帘拉开的位置，打开"效果控件"面板，单击"不透明度"下面的"创建 4 点多边形蒙版"按钮，将蒙版路径调整与"窗户"

吻合，并勾选"已反转"，如图 6-17 所示。

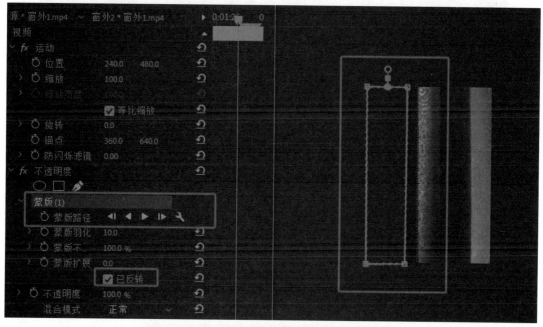

图 6-17 蒙版绘制 1

步骤 5：蒙版确定好之后，开始对蒙版路径进行逐帧跟踪，单击"蒙版 (1)"选项下的"蒙版路径"前面的 图标，然后向后移动一帧，重新调整蒙版路径的位置，保证其与"窗户"部分吻合，如图 6-18 所示。

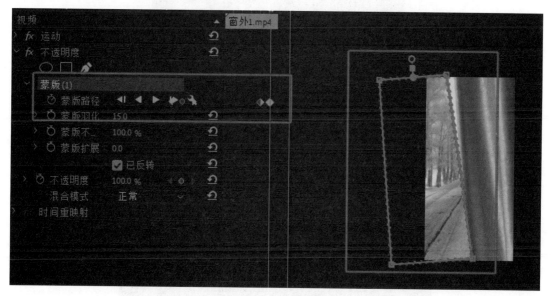

图 6-18 蒙版绘制 2

步骤 6：重复蒙版路径逐帧跟踪步骤，直到"窗户"部分完全走出画面，如图 6-19 所示。

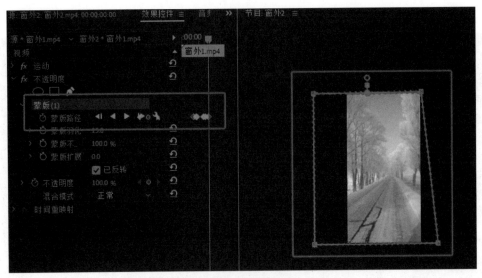

图 6-19　蒙版绘制 3

步骤 7：选择"蒙版 (1)"选项下的"蒙版羽化"，调整其参数为"15.0"，如图 6-20 所示。

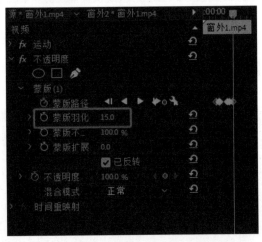

图 6-20　调整蒙版羽化参数

步骤 8：将 V2 轨道上的素材开始位置，移动到时间指示器的位置，并删除后面多余的素材，如图 6-21 所示。

图 6-21　对齐素材

步骤9：最终效果如图6-22所示。

图6-22　效果展示

微案例2　绿幕抠像

1. 任务要求

(1) 掌握绿幕抠像方法的使用；

(2) 掌握图层的遮挡关系。

2. 实施步骤

步骤1：将"抠像.mp4"和"背景.mp4"素材导入素材箱，将"背景.mp4"素材拖至V1轨道，"抠像.mp4"素材拖至V2轨道，如图6-23所示。

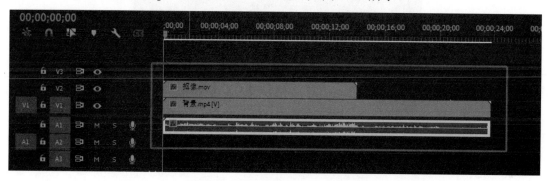

图6-23　导入素材并拖放到时间轴

步骤 2：调整素材长度。用"剃刀工具"，将"背景 .mp4"的尾部截取一部分删除，使其与"抠像 .mp4"对齐，如图 6-24 所示。

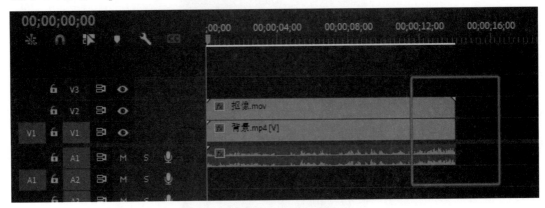

图 6-24　对齐素材

步骤 3：选中 V1 轨道上视频素材，单击右键选择"取消链接"，并删除音频，如图 6-25 所示。

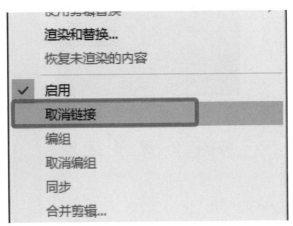

图 6-25　取消链接并删除音频

步骤 4：打开"效果"面板，展开"视频效果"素材箱，选择"键控"→"超级键"效果，将其拖至"抠像 .mp4"素材上，如图 6-26 所示。

图 6-26　添加超级键

步骤 5：在"效果控件"面板中展开"超级键"下拉列表，选择"吸管工具"，吸取"抠

像 .mp4"素材中的绿色部分，如图 6-27 所示。

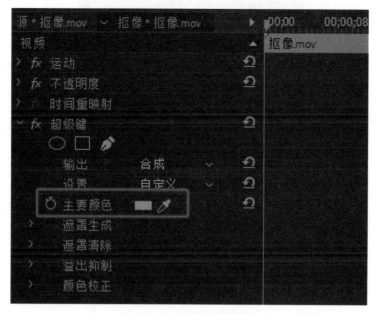

图 6-27　吸取颜色

　　步骤 6：选中 V1 轨道上的素材，在"效果控件"面板中展开"运动"的下拉列表，调整"缩放"参数为"340.0"，如图 6-28 所示。

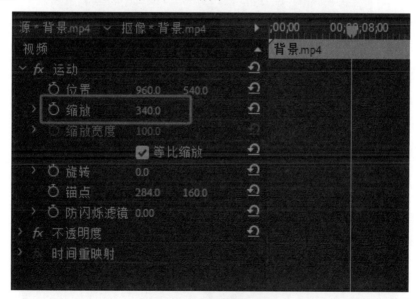

图 6-28　调整缩放参数

　　步骤 7：将"遮罩生成"下拉列表中的"基值"参数设置为"45.0"，将"遮罩清除"下拉列表中的"抑制"参数设置为"20.0"，"柔化"参数设置为"5.0"，如图 6-29 所示。

　　步骤 8：选中 V2 轨道上的素材，在"效果控件"面板中展开"运动"的下拉列表，调整"缩放"参数为"78.0"，"位置"参数为"(960.0，676.0)"如图 6-30 所示。

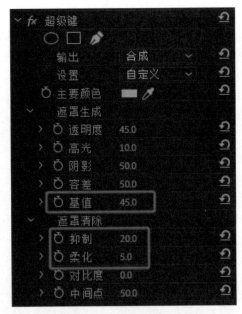

图 6-29　调整超级键参数

图 6-30　调整运动参数

步骤 9：最终效果如图 6-31 所示。

图 6-31　效果展示

五、总结评价

1. 小组汇报实施成果

小组汇报实施成果如表 6-5 所示。

表 6-5　实训操作结果汇报

案例名称		
自检基本情况		
自检组别	第　　　组	
本组成员	组长：　　　　组员：	
检 查 情 况		
是否完成		
完成时间		
工作页填写情况 / 案例实施情况	优点 / 已完成部分 / 正确点： 缺点 / 未完成部分 / 错误点：	
超时或未完成的 主要原因		
检查人签字：		日期：

2. 小组互评

小组互评如表 6-6 所示。

表 6-6　实训过程性评价表（小组互评）

组别：＿＿＿＿＿＿＿＿　　组员：＿＿＿＿＿＿＿＿　　案例名称：＿＿＿＿＿＿＿＿

学习环节	被评组别 / 组员	第＿＿＿＿组 姓名＿＿＿＿	
	评 分 细 则	分值	得分
相关知识	相关知识填写完整、正确	10	
	演讲、评价、展示等社会能力	10	
实训过程	小组成员分工明确、合理，每人的职责均已完成	5	
	能够进行小组合作	5	
	能够掌握蒙版绘制的方法	10	
	能够掌握关键帧跟踪的方法	10	
	能够完成利用超级键绿幕抠像的制作	20	
	能够正确完成微案例 1 和 2	20	
质量检验	任务总结正确、完整、流畅	5	
	工作效率较高（在规定时间内完成任务）	5	
总分（100 分）	总得分：	评分人签字：	

六、课后作业

自己拍摄素材，完成身体消失的视频效果制作。

项目七　综合案例实训

 项目目标

●●●● 知识目标

1. 了解后期剪辑师的作用
2. 了解剪辑中节奏的把握

●●●● 能力目标

1. 掌握页面切换时长的节奏
2. 掌握标记点工具的使用
3. 能根据现有的文字素材添加到视频中
4. 掌握关键帧动画的运用方法
5. 掌握添加帧定格的方法
6. 掌握视频变速的方法
7. 掌握嵌套的使用方法
8. 能根据现有的视频素材组合出一个完整的视频
9. 掌握视频过渡的运用方法

●●●● 技能目标

1. 能根据音乐节奏来调整画面
2. 能通过关键帧来改变文字和画面
3. 能根据实际需求运用色彩校正来调整画面
4. 能通过视频过渡效果改变视频之间的过渡方式

任务1　综合案例实训1

一、任务引入

领导让小明给素材视频里的人物制作大头效果，然后再制作一个视频用于中秋节的活动，他该如何完成任务呢？

二、相关知识

1. 关键帧动画

所谓关键帧动画，就是给需要动画效果的属性准备一组与时间相关的值，这些值都是从动画序列中比较关键的帧中提取出来的，而其他时间帧中的值，可以用这些关键值，采用特定的插值方法计算得到，从而达到比较流畅的动画效果。

2. 标记点的作用

标记点有什么作用呢？举个例子，要做一段 30 s 的视频，按照脚本，第 10 s 应该是什么画面，第 13 s 应该说哪句台词，等等，就可以在节目时间轴上打上标记，写个注释，方便自己操作把握，并且可以大大提高后期剪辑工作的效率。

三、资源准备

1. 教学设备与工具

(1) 机房；

(2) 多媒体；

(3) 案例素材。

2. 安全要求及注意事项

注意用电安全。

3. 职位分工

职位分工如表 7-1 所示。

表 7-1　职 位 分 工 表

职　位	小组成员 (姓名)	工作分工	备　注
组长 A		任务分配，素材分发	组员间对完成的操作进行相互检查，最后交由组长进行审核
组员 B		画幅确定，素材整理	
组员 C		制作相应的视频效果	
组员 D		完成视频并导出	

四、实践操作

微案例 1　搞笑大头效果制作

1. 任务要求

(1) 掌握放大效果的制作方法；

(2) 掌握旧版标题的运用方法；

(3) 掌握视频过渡效果的运用方法。

2. 实施步骤

步骤 1：将视频素材"大头.mp4"导入素材箱，并拖曳至时间轴面板上，如图 7-1 所示。

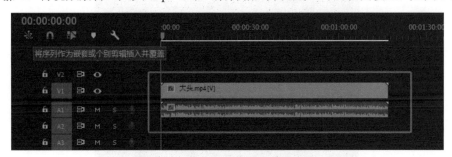

图 7-1　导入素材并拖放到时间轴

步骤 2：选择 V1 轨道上的素材，在第 20 s 和第 40 s 的位置用"剃刀工具"进行分割，如图 7-2 所示。

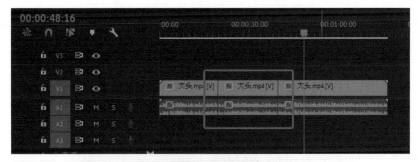

图 7-2　分割素材

步骤 3：打开"效果"面板，展开"视频效果"素材箱，选择"扭曲"→"放大"效果，将其拖至选中的素材上，如图 7-3 所示。

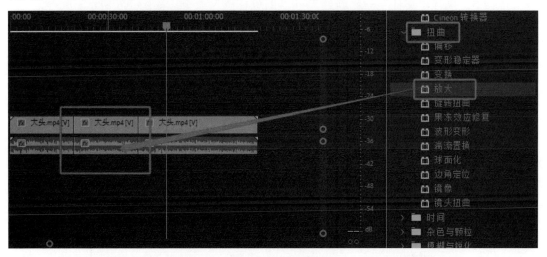

图 7-3　添加效果

步骤 4：在"效果控件"面板中展开"放大"下拉列表，设置"中央"的参数为"(466.0，225.0)"，设置"放大率"的参数为"180.0"、设置"大小"的参数为"290.0"，如图 7-4

所示。画面效果如图 7-5 所示。

图 7-4　设置参数

图 7-5　画面效果

步骤 5：执行"文件"→"新建"→"旧版标题"命令，如图 7-6 所示。

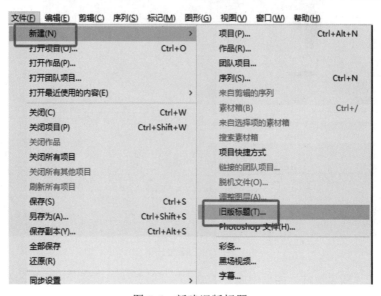

图 7-6　新建旧版标题

步骤6：用文字工具打出两个"！"并在"旧版标题属性"中设置"X位置"为"826.9"、"Y位置"为"108.9"、"旋转"为"15.0°"、"字体大小"为"183.0"、"字偶间距"为"-100.0"，添加一个"外描边"并设置其"大小"为"32.0"，如图7-7所示。

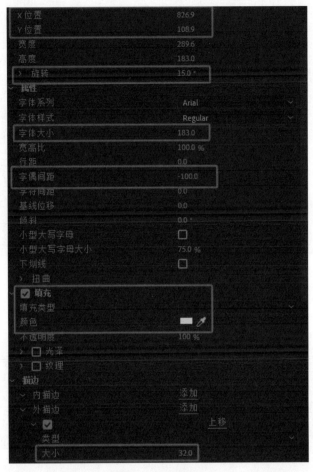

图7-7　设置参数

步骤7：将制作好的字幕添加到V2轨道上并与中间的素材相对应，如图7-8所示。

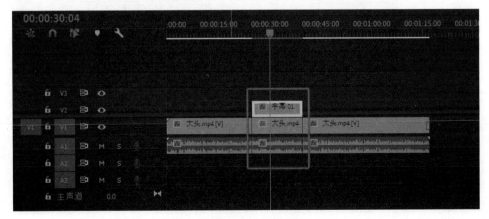

图7-8　添加字幕

步骤 8：打开"效果"面板,展开"视频过渡"素材箱,选择"溶解"→"黑场过渡"效果，将其拖至选中的素材结尾处，如图 7-9 所示。

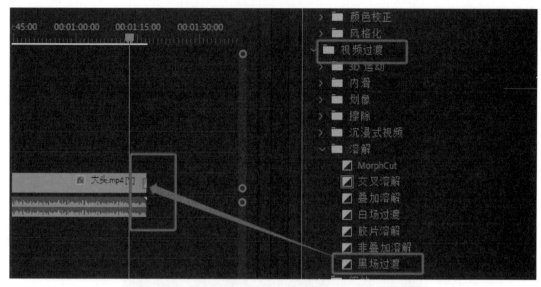

图 7-9　添加过渡

步骤 9：整体预览无误后导出视频，如图 7-10 所示。

图 7-10　导出

微案例 2 节日视频效果

1. 任务要求

(1) 掌握"运动"效果的使用；

(2) 掌握关键帧的使用方法。

节日视频效果

2. 实施步骤

步骤 1：将图片素材"01.jpg""02.jpg""03.jpg""04.jpg""05.jpg"导入素材箱，将素材"01.jpg"拖曳至时间轴面板上并调整其长度为 30 s，如图 7-13 所示。

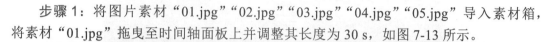

图 7-13 导入素材并拖放到时间轴

步骤 2：执行"文件"→"新建"→"旧版标题"命令，添加字幕"中秋快乐"并按照图 7-14 所示设置参数，此时画面效果如图 7-15 所示。

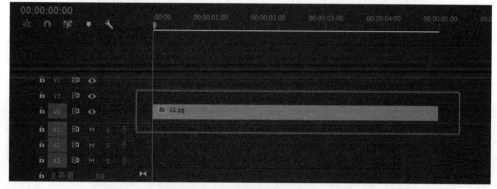

图 7-14 设置字幕参数

图 7-15　画面效果

步骤 3：把"字幕 01"拖至 V2 轨道与 V1 素材对齐，如图 7-16 所示。

图 7-16　添加字幕

步骤 4：选择 V2 轨道上的素材，添加"视频效果"→"扭曲"→"波形变形"效果，如图 7-17 所示。

图 7-17　添加效果

步骤5：选中V2轨道上的图片素材，在"效果控件"中设置"波形变形"选项下的"波形高度"参数为"3"、"波形宽度"为"40"、"波形速度"为"0.3"、"消除锯齿（最佳品质）"为"高"，如图7-18所示。

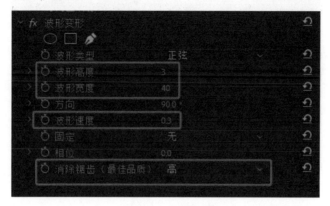

图7-18　调整参数

步骤6：选中V2轨道上的图片素材，在"效果控件"中设置"不透明度"的参数在第0帧为"0.0%"、第5 s为"100.0%"，如图7-19所示。

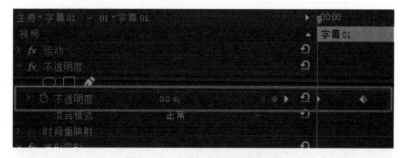

图7-19　添加不透明度关键帧

步骤7：将素材"02.jpg""05.jpg""04.jpg""03.jpg"按顺序拖曳至时间轴面板的V3轨道上，并调整其出现时间分别为第5 s、第10 s、第15 s、第20 s，如图7-20所示。

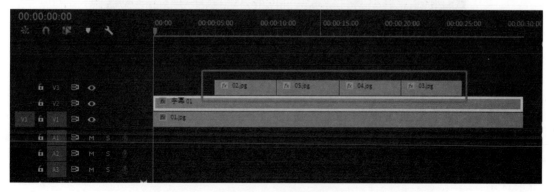

图7-20　添加素材到V3

步骤8：选中V3轨道上的图片素材02，在"效果控件"中分别设置"缩放"和"不透明度"参数在第5 s时为"0.0"和"0.0%"，在第7 s 10帧时为"27.0"和"100.0%"，在第 8 s 03 帧时为"27.0"和"100.0%"，在第 9 s 23 帧时为"0.0"和"0.0%"，如图 7-21 所示。

图 7-21　添加关键帧

步骤 9：选中 V3 轨道上的图片素材 05，在"效果控件"中设置"缩放"参数为"38.0"，设置"位置"参数在第 10 s 时为"(299.5，−105.0)"，在第 12 s 09 帧时为"(299.5，193.0)"，在第 13 s 01 帧时为"(299.5，193.0)"，在第 14 s 23 帧时为"(299.5，521.0)"，如图 7-22 所示。

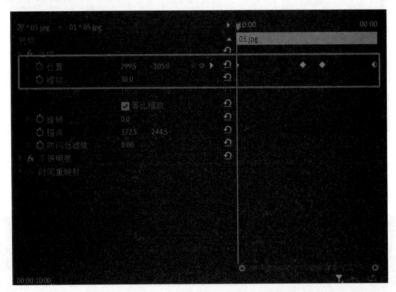

图 7-22　调整参数添加关键帧

步骤 10：选中 V3 轨道上的图片素材 04，在"效果控件"中分别设置"缩放"和"旋转"的参数在第 15 s 时为"0.0"和"0.0°"，在第 17 s 22 帧时为"33.0"和"720°"，设置"不透明度"的参数在第 18 s 12 帧时为"100.0%"，在第 19 s 23 帧时为"0.0%"，如图 7-23 所示。

步骤 11：选中 V3 轨道上的图片素材 03，在"效果控件"中设置"缩放"参数为"32.0"，设置"不透明度"的参数在第 20 s 时为"0.0%"，在第 22 s 时为"100.0%"，在第 23 s 时为"100.0%"，在第 24 s 23 帧时为"0.0%"，如图 7-24 所示。

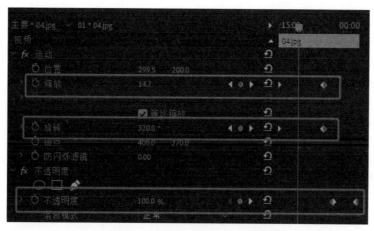

图 7-23　调整参数添加关键帧

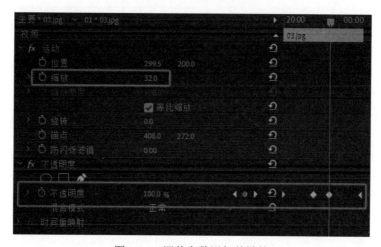

图 7-24　调整参数添加关键帧

步骤 12：最终效果如图 7-25 所示。

图 7-25　效果展示

五、总结评价

1. 小组汇报实施成果

小组汇报实施成果如表 7-2 所示。

表 7-2　实训操作结果汇报

案例名称	
自检基本情况	
自检组别	第　　　　组
本组成员	组长：　　　　组员：
检查情况	
是否完成	
完成时间	
工作页填写情况 / 案例实施情况	优点 / 已完成部分 / 正确点： 缺点 / 未完成部分 / 错误点：
超时或未完成的主要原因	
检查人签字：	日期：

2. 小组互评

小组互评如表 7-3 所示。

表 7-3 实训过程性评价表（小组互评）

组别：_____ 组员：_____ 案例名称：_____

学习环节	被评组别／组员	第_____组 姓名_____	
	评 分 细 则	分值	得分
相关知识	相关知识填写完整、正确	10	
	演讲、评价、展示等社会能力	10	
实训过程	小组成员分工明确、合理，每人的职责均已完成	5	
	能够进行小组合作	5	
	能够掌握关键帧编辑的方法	10	
	能够掌握视频效果的编辑方法	10	
	能够对素材进行有效提取和编辑	20	
	能够正确完成微案例 1 和 2	20	
质量检验	任务总结正确、完整、流畅	5	
	工作效率较高（在规定时间内完成任务）	5	
总分 (100 分)	总得分：	评分人签字：	

六、课后作业

制作一个自己喜欢的节日的短视频。

任务2 综合案例实训2

一、任务引入

领导让小明给素材视频变速并且跟音乐卡点，他该如何完成任务呢？

二、相关知识

1. 升格与降格

升格与降格是电影摄影中的一种技术手段。电影摄影拍摄标准是 24 格 /s，这样在放映时才能是正常速度的连续性画面，但为了实现一些简单的技巧，比如慢镜头效果，就要改变正常的拍摄速度。提高拍摄速度就是升格，放映效果就是慢动作。降低拍摄速度 (低于 24 格 /s) 就是降格，放映效果就是快动作。

2. 帧定格

帧定格就是获取视频中的某一静帧画面，这一静帧既可以作为素材文件添加到项目面板以备后用，也可直接附加在剪辑上构成定格效果。

三、资源准备

1. 教学设备与工具

(1) 机房；

(2) 多媒体；

(3) 案例素材。

2. 安全要求及注意事项

注意用电安全。

3. 职位分工

职位分工如表 7-4 所示。

表 7-4 职 位 分 工 表

职 位	小组成员 (姓名)	工作分工	备 注
组长 A		任务分配，素材分发	组员间对完成的操作进行相互检查，最后交由组长进行审核
组员 B		画幅确定，素材整理	
组员 C		制作相应的变速卡点效果	
组员 D		完成视频并导出	

四、实践操作

微案例 1   变速视频制作

1. 任务要求

(1) 掌握改变视频速度的方法；

(2) 掌握自然衔接的方法；

(3) 掌握标记点的运用方法；

(4) 掌握转场切换效果的应用。

2. 实施步骤

步骤 1：将音频素材与视频素材导入项目面板并拖曳"变速 .mp4"至时间轴面板上，如图 7-26 所示。

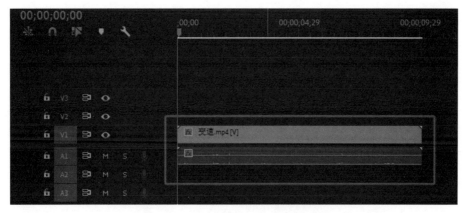

图 7-26　导入素材并拖放到时间轴

步骤 2：选中 V1 轨道上的素材，单击右键选中"取消链接"选项并删除 A1 轨道上的音频，如图 7-27 所示。

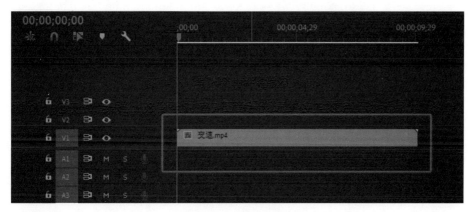

图 7-27　删除音频

步骤 3：拖曳"音乐 .mp3"至时间轴面板上，如图 7-28 所示。

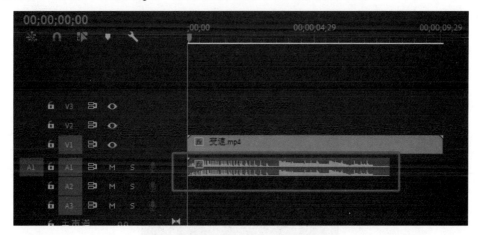

图 7-28　添加音乐

步骤 4：选中 A1 轨道上的音频素材，在音乐变速的位置添加上标记点，如图 7-29 所示。

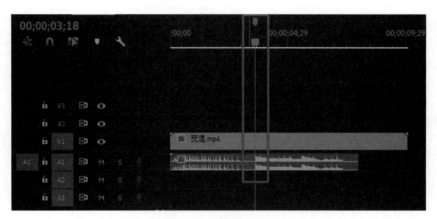

图 7-29　添加标记点

步骤 5：选中 V1 轨道上的素材，找到镜头即将开始移动的位置用"剃刀工具"把视频分成两段，如图 7-30 所示。

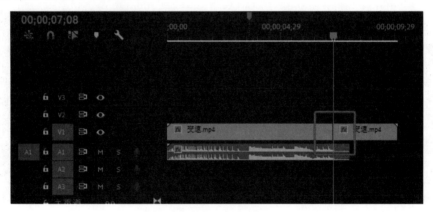

图 7-30　分割视频

步骤 6：选中 V1 轨道上的第一段视频，单击鼠标右键选择"剪辑速度／持续时间"选项并调整"速度"为"200%"，如图 7-31 所示。

图 7-31　调整视频速度

步骤7：选中 V1 轨道上两段素材的中间空隙，单击右键选择"波纹删除"，如图 7-32 所示。

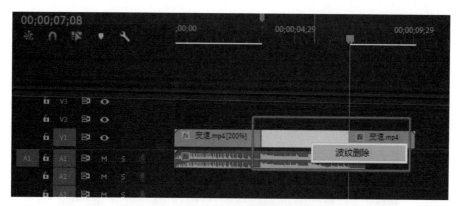

图 7-32　波纹删除

步骤8：选中 V1 轨道上的第二段视频，单击鼠标右键选择"剪辑速度/持续时间"选项并调整"速度"为"65%"，如图 7-33 所示。

步骤9：效果展示如图 7-34 所示。

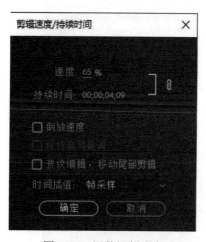

图 7-33　调整视频速度

图 7-34　效果展示

微案例 2　帧定格卡点效果制作

帧定格卡点
效果制作

1. 任务要求

(1) 掌握"运动"效果的使用；

(2) 掌握帧定格的使用方法。

2. 实施步骤

步骤 1：将音频素材与视频素材导入项目面板并拖曳"帧定格 .mp4"至时间轴面板上，如图 7-35 所示。

图 7-35　导入素材并拖放到时间线

步骤 2：选中 V1 轨道上的素材，单击右键选中"取消链接"选项并删除 A1 轨道上的音频，如图 7-36 所示。

图 7-36　删除音频

步骤 3：拖曳音频素材至时间轴面板上，如图 7-37 所示。

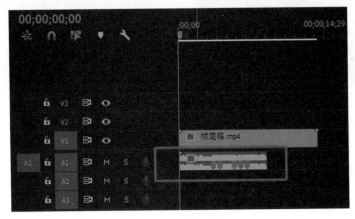

图 7-37　添加音乐

步骤 4：选中 A1 轨道上的音频素材，在音乐重音的位置添加标记点，如图 7-38 所示。

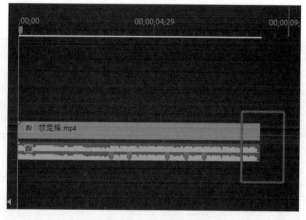

图 7-38　添加标记点

步骤 5：选中 V1 轨道上的素材进行裁剪，使其和 A1 轨道上的音频素材相匹配，如图 7-39 所示。

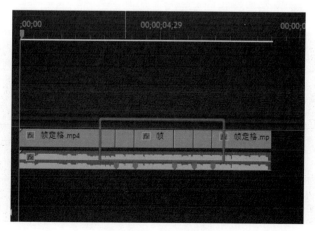

图 7-39　匹配素材

步骤 6：选中 V1 轨道上的素材，在标记点的位置用"剃刀工具"分割视频素材，如图 7-40 所示。

图 7-40　分割素材

步骤 7：选中 V1 轨道上的第 2 段素材，从素材开始的位置按方向键右键一次，选中位置，然后单击鼠标右键选择"添加帧定格"，如图 7-41 所示。

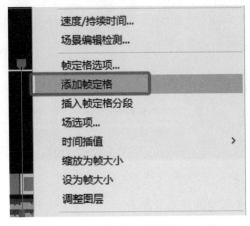

图 7-41　给第 2 段素材添加帧定格

　　步骤 8：选中 V1 轨道上的第 3～6 段素材，执行相同操作添加帧定格，如图 7-42 所示。

图 7-42　给第 3～6 段素材添加帧定格

　　步骤 9：选中 V1 轨道上定格的第 1 段素材，在"效果控件"中添加"缩放"的关键帧，使画面有缩放的动画效果，如图 7-43 所示。

图 7-43　给第 1 段素材添加关键帧

步骤 10：选中 V1 轨道上的第 3～6 段素材，执行步骤 9 的相同操作添加关键帧动画，如图 7-44 所示。

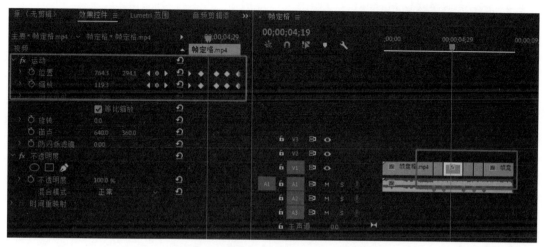

图 7-44　给第 3～6 段素材添加关键帧

步骤 11：效果展示如图 7-45 所示。

图 7-45　效果展示

五、总结评价

1. 小组汇报实施成果

小组汇报实施成果如表 7-5 所示。

表 7-5　实训操作结果汇报

案例名称	
自检基本情况	
自检组别	第　　组
本组成员	组长：　　　组员：
检 查 情 况	
是否完成	
完成时间	
工作页填写情况 / 案例实施情况	优点 / 已完成部分 / 正确点： 缺点 / 未完成部分 / 错误点：
超时或未完成的 主要原因	
检查人签字：	日期：

2. 小组互评

小组互评如表 7-6 所示。

表 7-6　实训过程性评价表（小组互评）

组别：_____　　　组员：_____　　　案例名称：_____

学习环节	被评组别/组员	第_____组 姓名_____	
	评 分 细 则	分值	得分
相关知识	相关知识填写完整、正确	10	
	演讲、评价、展示等社会能力	10	
实训过程	小组成员分工明确、合理，每人的职责均已完成	5	
	能够进行小组合作	5	
	能够掌握关键帧编辑的方法	10	
	能够掌握添加帧定格方法	10	
	能够掌握给视频变速的方法	20	
	能够正确完成微案例 1 和 2	20	
质量检验	任务总结正确、完整、流畅	5	
	工作效率较高（在规定时间内完成任务）	5	
总分（100 分）	总得分：	评分人签字：	

六、课后作业

运用变速和帧定格效果给自己喜欢的一段视频进行视频包装。

■ ■ ■ ■ 任务3　综合案例实训3

一、任务引入

领导让小明给一个美食博主制作面包的过程剪辑一个 VLOG，他该如何完成任务呢？

二、相关知识

嵌套，就是一层套着一层，这种剪辑思路在使用剪辑软件时是比较常见的，就像抽屉一样。本质来说，这就是剪辑思路中的一种，可以更方便地、更清晰地进行剪辑和创作。嵌套的具体表现就是一个序列里的时间线，同时还有另外一个序列作为素材出现，序列作为素材容器，同时也兼具素材的属性。

三、资源准备

1. 教学设备与工具

(1) 机房；

(2) 多媒体；

(3) 案例素材。

2. 安全要求及注意事项

注意用电安全。

3. 职位分工

职位分工如表 7-7 所示。

表 7-7　职位分工表

职　位	小组成员 (姓名)	工作分工	备　注
组长 A		任务分配，素材分发	组员间对完成的操作进行相互检查，最后交由组长进行审核
组员 B		画幅确定，素材整理	
组员 C		按照面包的制作顺序剪辑视频	
组员 D		完成视频并导出	

四、实践操作

微案例　面包制作 VLOG

1. 任务要求

(1) 掌握嵌套的运用方法；

(2) 掌握自然衔接的方法；

(3) 掌握 Lumetri 颜色的运用方法；

(4) 掌握转场切换效果的应用。

面包制作 VLOG

2. 实施步骤

步骤 1：将面包制作 VLOG 素材导入项目面板，并按照顺序将素材拖曳至 V1 轨道上，如图 7-46 所示。

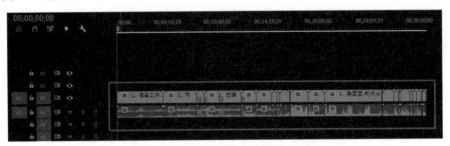

图 7-46　导入素材并拖放到时间轴

步骤 2：选择轨道 V1 上面的"1、准备工作 .mp4"素材，在第 3 s 10 帧的位置按快捷键 C 切换到"剃刀工具"剪断视频，然后按快捷键 V 切换到"选择工具"，选中其前半部分并单击鼠标右键，在弹出的快捷菜单中执行"波纹删除"命令，如图 7-47 所示。

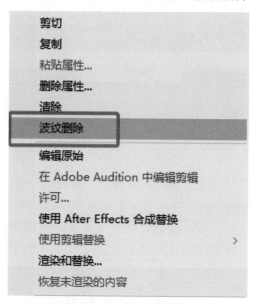

图 7-47　波纹删除

步骤 3：选择轨道 V1 上面的"1、准备工作 .mp4"素材，在第 1 s 24 帧的位置按快捷键 C 切换到"剃刀工具"剪断视频，然后按快捷键 V 切换到"选择工具"，选中其后半部分并单击鼠标右键，在弹出的快捷菜单中执行"剪辑速度 / 持续时间"命令并调整速度参数为"300%"，如图 7-48 所示。

图 7-48　调整速度

步骤 4：选中素材前半部分并单击鼠标右键，在弹出的快捷菜单中执行"波纹删除"命令，如图 7-49 所示。

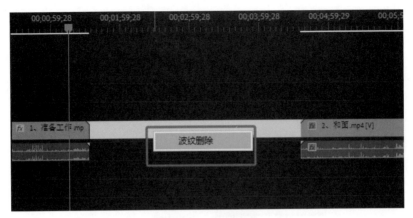

图 7-49　排列镜头

步骤 5：选择轨道 V1 上面的"2、和面 .mp4"素材，分别在第 1 min 35 s 01 帧、第 1 min 40 s 17 帧、第 3 min 01 s 22 帧、第 3 min 09 s 01 帧、第 4 min 44 s 18 帧的位置按快捷键 C 切换到"剃刀工具"剪断视频，然后按快捷键 V 切换到"选择工具"，单击鼠标右键选择"波纹删除"，删除第 1、3、5 段素材，如图 7-50 所示。

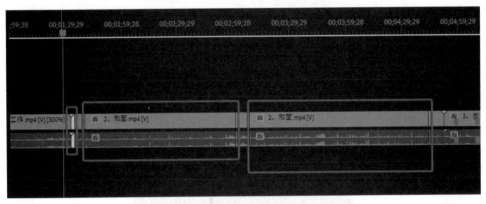

图 7-50　删除多余镜头

步骤 6：利用以上的剪辑方式，根据制作顺序调整素材位置，并删除多余部分或无效镜头，进行视频的节奏调整，如图 7-51 所示。

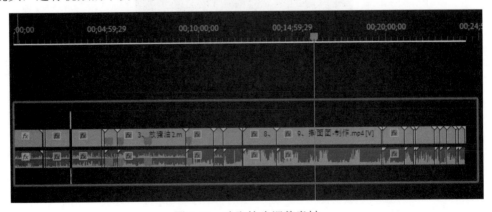

图 7-51　选取镜头调整素材

步骤 7：选择 V1 轨道上的第 1 段和第 2 段素材，单击鼠标右键选择"嵌套"，如图 7-52 所示，并将其命名为"准备工作"，如图 7-53 所示。

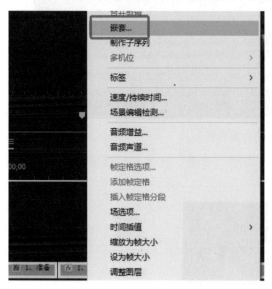

图 7-52　添加嵌套　　　　　　　　　　　图 7-53　命名嵌套

步骤 8：选择 V1 轨道上的所有"和面"素材，单击鼠标右键选择"嵌套"，如图 7-54 所示，并将其命名为"和面"，如图 7-55 所示。

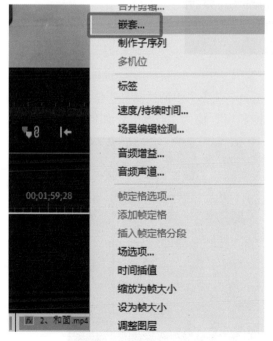

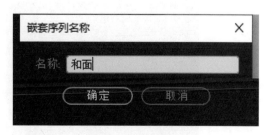

图 7-54　添加嵌套　　　　　　　　　　　图 7-55　命名嵌套

步骤 9：按照上述操作方式，把所有素材按制作步骤分类打包成嵌套并命名，如图 7-56 所示。

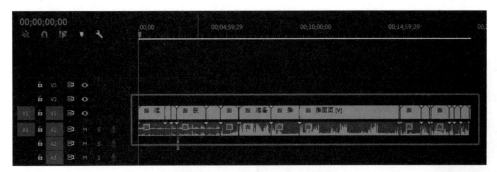

图 7-56　制作嵌套并命名

步骤 10：选择 V1 轨道上的第 1 段素材，添加"效果"→"视频效果"→"颜色校正"→"Lumetri 颜色"效果，如图 7-57 所示。

图 7-57　添加 Lumetri 颜色

步骤 11：在"效果控件"面板中调整"Lumetri 颜色"中的"曝光"值为"-0.2"、"阴影"值为"-14.0"、"黑色"值为"-14.0"、"饱和度"值为"105.0"，如图 7-58 所示。

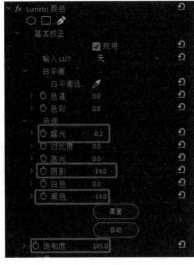
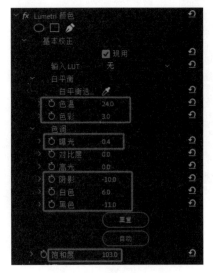

图 7-58　调整参数 1　　　　　　　　图 7-59　调整参数 2

步骤 12：在 V1 轨道上选择"和面"素材，添加"效果"→"视频效果"→"颜色校正"→"Lumetri 颜色"效果，在"效果控件"面板中调整"Lumetri 颜色"中的"色温"值为"24.0"、"色彩"值为"3.0"、"曝光"值为"0.4"、"阴影"值为"−10.0"、"白色"值为"6.0"、"黑色"值为"−11.0"、"饱和度"值为"103.0"，如图 5-59 所示。

步骤 13：根据以上两段素材的调色，分别为剩下的素材进行调色，其中中景和近景的调色参数参照"准备工作"素材的调色参数进行调整，特写镜头的调色参数参照"和面"素材的调色参数进行调整，如图 7-60 所示。

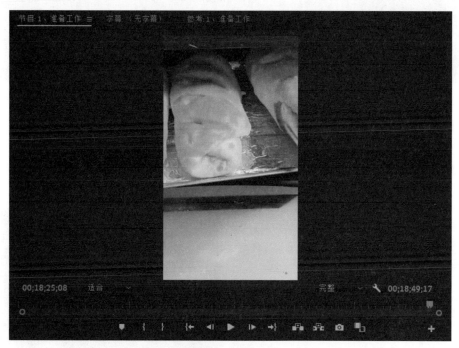

图 7-60　调色处理

步骤 14：选择 V1 轨道上第 1 段和第 2 段素材，在相接的地方添加"效果"→"视频过渡"→"溶解"→"交叉溶解"效果，如图 7-61 所示。

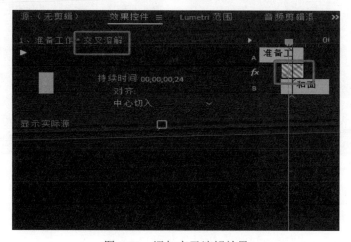

图 7-61　添加交叉溶解效果

178　短视频剪辑与制作——PR

步骤15：根据步骤14的制作方法，给视频过渡不流畅的位置都加上视频过渡效果进行转场过渡，如图7-62所示。

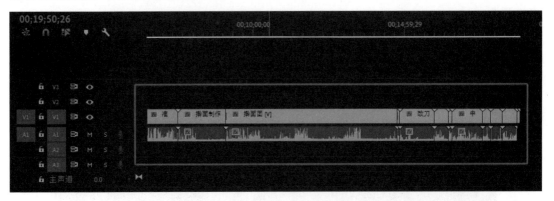

图7-62　添加视频过渡效果

步骤16：执行"文件"→"新建"→"旧版标题"命令，添加字幕并命名为"标题"，如图7-63所示。

步骤17：选择"标题"素材，双击鼠标左键对其进行编辑，具体参数如图7-64所示。

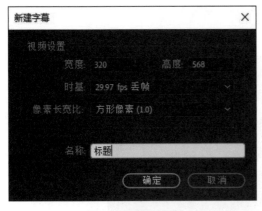

图7-63　添加字幕

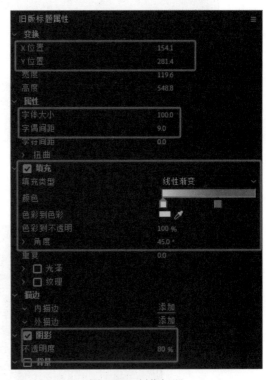

图7-64　制作标题

步骤18：选择"标题"素材并添加到V2轨道上，如图7-65所示。

步骤19：选择V2轨道上的"标题"素材，在其开始和结束位置都添加上"效果"→"视频过渡"→"溶解"→"黑场过渡"效果，如图7-66所示。

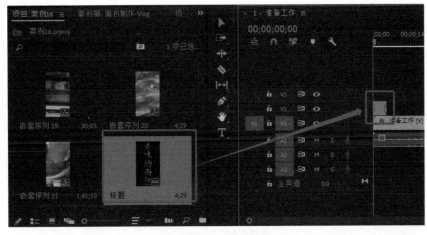

图 7-65　添加标题

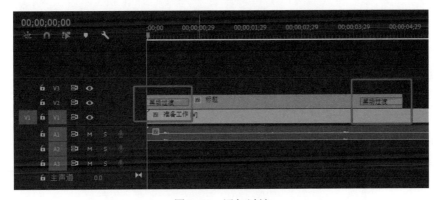

图 7-66　添加过渡

步骤 20：按快捷键 Ctrl + m 导出视频，设置导出"格式"为"H.264"，"输出名称"为"面包制作 .mp4"，如图 7-67 所示。

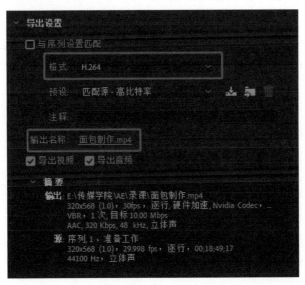

图 7-67　导出视频

五、总结评价

1. 小组汇报实施成果

小组汇报实施成果如表 7-8 所示。

表 7-8　实训操作结果汇报

案例名称	
自检基本情况	
自检组别	第　　　组
本组成员	组长：　　　组员：
检 查 情 况	
是否完成	
完成时间	
工作页填写情况 / 案例实施情况	优点 / 已完成部分 / 正确点： 缺点 / 未完成部分 / 错误点：
超时或未完成的主要原因	
检查人签字：	日期：

2. 小组互评

小组互评如表 7-9 所示。

表 7-9 实训过程性评价表（小组互评）

组别：_____ 组员：_____ 案例名称：_____

学习环节	被评组别 / 组员	第_____组 姓名_____	
	评 分 细 则	分值	得分
相关知识	相关知识填写完整、正确	10	
	演讲、评价、展示等社会能力	10	
实训过程	小组成员分工明确、合理，每人的职责均已完成	5	
	能够进行小组合作	5	
	能够掌握调色的方法	10	
	能够掌握视频效果的编辑方法	10	
	能够进行素材的有效提取和编辑	20	
	能够正确完成微案例 1	20	
质量检验	任务总结正确、完整、流畅	5	
	工作效率较高（在规定时间内完成任务）	5	
总分 (100 分)	总得分：	评分人签字：	

六、课后作业

制作一个自己的生活 VLOG。

参 考 文 献

[1]　马克西姆·亚戈．Adobe Premiere Pro 2021 经典教程 (彩色版)[M]．北京：人民邮电出版社，2022．

[2]　怪客小嘉．Premiere 短视频剪辑基础与实战 [M]．北京：人民邮电出版社，2022．

[3]　唯美世界．曹茂鹏．Premiere Pro 2022 从入门到精通 [M]．北京：中国水利水电出版社，2022．

[4]　唯美世界．曹茂鹏．Premiere Pro 2020 完全案例教程 [M]．北京：中国水利水电出版社，2020．